ゲームの企画書①

どんな子供でも遊べなければならない

電ファミニコゲーマー編集部

角川新書

はじめに

ゲームを作る人々の証言や活動の記録を残していきたい。それもできるだけ、躍動感あるクリエイターたちの奮戦の物語として、多くの読者に読まれるものとして——。

「ゲームの企画書」は、そんな想いからwebサイト上で始まった連載シリーズ。ゲーム史に名を残した名作ゲームのクリエイターの方々に制作時のエピソードをお聞きして、まとめていくインタビュー企画である。

「ファミリーコンピュータ」が発売されてから35年以上、『スペースインベーダー』から数えると、いわゆるコンピュータゲーム市場なるものが産業として産声を上げてから、実に40年以上の月日が経過している。

一時期は、文字通り世界を席巻《せっけん》した日本のゲーム産業。しかし、スマートフォンの台頭や、あらゆる分野がグローバル化の波に飲み込まれるなかで、「日本のゲーム」も、徐々にその影響力を低下させつつあるのは、今さら指摘するまでもない。

大規模化、高度化するゲーム開発環境に、次々と台頭する新興ゲームメーカー。そんな中にあって、日本のゲーム産業の進むべき道、取るべきポジションはどのようなものになっていくのだろうか。

そうした日本のゲーム産業の未来を考えるうえで、そもそも「なぜ日本のゲームが世界を席巻できたのか?」を整理しておく必要があるように思う。

名作と呼ばれるゲームがどのように作られ、またそこにはどういった創意工夫があったのか。そして、その名作が、後の作品群にどのような影響を与えていったのか。クリエイターの目線や考え方を通しながら、ヒットする企画(ゲーム)とは何か、時代を超えて共通する普遍性とは何かを探っていければと想い、連載を企画してみた次第である。

今、そうした日本のゲームのコンテクスト(文脈)を見つめ直し、整理していくことは、これからの日本のゲーム産業の行方を示す道標《みちしるべ》になるに違いない。

とはいえ。日本のゲーム産業の一助になれば……、そんな大きな目標はありつつも、本音を言えば、連載を始めた最大の動機は、筆者の単なる「好奇心」である。我々を、そして世界を魅了した日本のゲームの魅力は、いったいどこから来ているのだろう？　これから読者の皆さんと、連載をまとめた本書を通して、そうした「ゲームの面白さの秘密」を一緒に探っていければ幸いだ。

電ファミニコゲーマー編集長　平信一

目次

第1章　伝説のアーケードゲーム『ゼビウス』

第1章では、1983年に稼働を開始したシューティングゲームの名作『ゼビウス』を取り上げる。

この『ゼビウス』というゲームがある世代の日本人に引き起こす感慨は、少し下の世代にはわかりづらいかもしれない。かつてゲームセンターが若者のたまり場になっていた時代、日本各地のゲームセンターに、さながら現在のSNSやネット掲示板のような、常連を中心としたコミュニティが生まれていたのである。

――そこに彗星《すいせい》のごとく登場したのが、『ゼビウス』だった。メタリックで無機質な質感の画面、まるで意思を持ったかのように動く敵、そして何度プレイしても飽きないゲームデザイン。当時のゲームの水準からは〝異質〟ともいえるクオリティの内容に、ゲーマーたちは熱狂した。

この『ゼビウス』には、もう一つの伝説がある。熱くなった日本中のゲーマーたちが、やがて『ゼビウス』について様々な裏技や真偽不明の噂話の交換を始めてしまったのだ。中でも物議をかもしたのが、特定の条件で「ゼビウス星」なるものに行けるという噂である。

実は、これはデマだった。そのため、この噂を検証しようと取材していた青年が、むしろデマを広めるのに貢献していると、開発者の遠藤雅伸《えんどうまさのぶ》氏から激昂《げきこう》されてしまったのである。当時のことを、彼はこう書き残している。

そして、僕は宣教師から一挙に詐欺師になった。（中略）僕は、非難され、石を投げられた。
ゲームセンターに足を運ぶと、今まで仲間だったはずのやつでさえ、うしろ指を差した。

（『パックランドでつかまえて』JICC出版局・1990）

ところが、そんなある日、意気消沈してひとりゲームセンターで遊ぶ彼のもとに、開発者である遠藤雅伸氏が訪ねてきた。そして、遠藤氏は「君は謝らなくてもいい」と青年に語りかけ、そのゲームセンターに集っていた若者たちを呼び寄せたのである。

「僕は、ゼビウスの父だ」

仲間は全員、ええっといって驚いた。こんなところで会えるなんて信じられない、といった表情だ。

「サインをください」

仲間のひとりが言った。彼は、少し困った顔をして、

「まあ、ちょっと待って。どうだ君たち。彼をそろそろ許してやらないか。ずっと仲間だったんだろう」

と、僕を指さして言った。

その後、遠藤氏とともにゲームセンターに集った仲間たちは互いの手を握り合い、仲直りをした。そして、この『ゼビウス』の開発者自らによる粋《いき》なはからいによって、その青年はゲーマーのコミュニティから赦《ゆる》しを得たという。

しかし、この話にはまだ続きがある。実は、この文章を書いた田尻智《たじりさとし》という青年は、後にゲームを制作する側に回ったのだ。そうして彼が仲間たちと開発したゲームこそが、あの『ポケットモンスター』なのである。

そんな株式会社ゲームフリークの田尻智氏と杉森建《すぎもりけん》氏を迎えて、『ゼビウス』制作者の

遠藤雅伸氏とその『ゼビウス』が当時巻き起こした熱狂や「ゼビウス星」の真相について語り合っていただいた。

遠藤 雅伸（えんどう まさのぶ）

ゲーム作家、ゲーム研究者。東京工芸大学教授、日本デジタルゲーム学会副会長、宮城大学客員教授、明治大学客員教授、JApan Game Music Orchestra(JAGMO)名誉会長、CEDEC運営委員。

アーケードゲームの傑作『ゼビウス』『ドルアーガの塔』などの作品を手がけた“ゲームの神様”。現在は、東京工芸大学教授、宮城大学、明治大学の客員教授として教壇に立つ傍ら、ゲームスタジオ相談役も務めている。

田尻 智（たじり さとし）

ゲームクリエイター。株式会社ゲームフリーク代表取締役。

『ポケットモンスター』シリーズの生みの親。ゲーム雑誌や攻略本の先駆けとなったミニコミ誌「ゲームフリーク」を発行し、同誌の制作メンバーと共に『クインティ』を制作。ゲームの作り手となる。

杉森 建（すぎもり けん）

ゲームクリエイター・イラストレーター・漫画家。株式会社ゲームフリーク常務取締役。

株式会社ゲームフリークの創設メンバーであり、『ポケットモンスター』シリーズのキャラクターデザインを手がける。田尻氏とは会社設立前から交友関係にあり、ミニコミ誌「ゲームフリーク」のイラスト担当として発行に携わる。

聞き手／稲葉ほたて、斉藤大地、TAITAI
文／稲葉ほたて
カメラマン／佐々木秀二

――遠藤さんは、田尻さんと杉森さんにお会いしたのは何年ぶりですか？

遠藤　田尻くんは、ＣＥＤＥＣ（コンピュータエンターテインメントデベロッパーズカンファレンス）に出てくれたときですよね。杉森くんはもっと前だな……確かそのとき、ちょうどアニメが始まって、あのピカチュウを見て「あんなのピカチュウじゃねえや」と言って、こう、もっと目がキリっとしたワルい雰囲気のピカチュウを描いてもらったんですよ。

杉森　……え、そんなこと、ありましたっけ？

一同　（笑）

遠藤　あった、あった。「絶対に、ゲームのピカチュウのほうがカッコいいよ！」と言って、描いてもらったんですよ（笑）。僕は主人公キャラが好きな人間なんで、ピカチュウには思い入れがあったんですよ。

杉森　ありがとうございます（笑）。

ゲーセンがたまり場だった〝あの頃〟

――田尻さんと遠藤さんがお会いしたのは、ゲームセンターだったという話をお聞きしました。

遠藤　新宿《しんじゅく》のゲーセンだよねえ。確か、「ゲームフリーク」※の創刊号が『ゼビウス』の特集を組んだ時点で、すでに知ってたと思いますよ。当時は、まだ風営法が改正される前で、ゲームセンターが24時間いつも開いてたから、夜に新宿なんかに行くと、本当に色んな人がいたんです。その中に、田尻くんがいたんですね。

あの頃、僕は土曜日になると新宿の街を歩きまわって、見知ったゲーマーを見つけては、「どうなの？　何か新しいゲーム出た？」とか聞いて、「あそこの店に新作が入って、ちょうど今、アイツが攻略してますね」みたいなやり取りをしてたんです。まあ、今でいうところの、ＤＪカルチャーみたいなものですよ。〝パーティーピーポー〟みたいな（笑）。

※ゲームフリーク　元々は田尻氏が立ち上げたゲーム攻略の同人誌。その同人誌を発行していたサークルが、のちの「株式会社ゲームフリーク」となり、世界的なヒット作となった『ポケットモンスター』を生み出していく。

『ゼビウス』の制作者・遠藤雅伸氏

——あの……イマイチ当時のことがわからないのですが、そんなにプレイヤーとの距離が近いものだったんですか。向こうは遠藤さんと認識しているわけですよね？

遠藤　そりゃ、彼らも僕を知ってたけど、〝遠藤雅伸〟は別にエラい人でもなんでもなかったもん。

僕も若かったし、特に〝上から目線〟な態度でもなかったよね。そもそも就職前の大学時代から都内のゲーセンには通っていて、その頃からの顔見知り連中だったんです。

田尻　あの頃は、「都内のどのゲームセンターに行けば、新しい試作品が遊べるか」みたいな情報がゲーマー同士で共有されていたんですよ。千代田《ちよだ》区のゲームセンターなんて、セガの新作ゲームが置かれていることで有名で、よく足を運んだものです。

遠藤　セガのスポーツランドがあったんだよね。新宿だと「キャロット」とか「タイトーステーション」とかね。他にも、ATARIのゲームがなぜか置いてあるゲーセンがあったりしてね。みんなでそういう場所をグルグル回りながら、「あのゲームはあそこに入ったらしいよ」なんて言い合いながら遊ぶんです。

――そういう情報は、口コミで拡散するんですか?

杉森　よく若い人に、「メールも携帯もないのにどうやって広まるんですか?」と聞かれるんですが、まあ基本的には固定電話とか手紙ですよね（笑）。

一同　（笑）

田尻　そうそう。今だったら、ネットでできちゃうんだよね（笑）。

――やっぱり杉森さんと田尻さんも、そういうやり取りをされたんですか?

杉森　高校生の頃に、新宿の同人誌専門店で「ゲームフリーク」を見つけたんです。そこにゼビウスの攻略法が載っていたのですが、その中に「隠しキャラクター」の情報が書かれていたんですよ。もう当時の僕は驚いてしまって……（笑）。いま思えば、「その程度のことも知らなかったのか」という話なのですが、当時はもう「この人はゼビウスのことをもの凄《すご》く知ってるはずだ！」と思ったんですね。それで、さっそく「ゲームフリーク」に手紙を送ったんですよ。

遠藤　おっかない手紙ですねぇ（笑）。

まあ、でもあの同人誌は目立ってましたよ。だって、ミュージシャンの細野晴臣《ほそのはるおみ》さんや宗教学者の中沢新一《なかざわしんいち》先生※も買ってたんだよ。中沢先生は当時、文化人類学の見地からゲームの新しさを擁護してくれたんです。あれは、本当にゲーム業界にとってありがたかった。

※中沢新一　日本の思想家。当時、自身のチベットでの修行体験などを元にした言説が、80年代のポストモダンブームの中で脚光を浴びていた。早い時期からテレビゲームに注目した評論家でもあり、『ポケモン』を論じた著作『ポケットの中の野生』などの文章がある。

田尻　中沢さんは、ゲーム初期の「ブロック崩し」の頃にまで遡《さかのぼ》って、ゲームとは何かを議論してくださったんですよね。

まあ、当時のことを言うと、やっぱり同人誌を置いてくれる本屋が少なかった上に、扱っている内容も漫画やアニメが多かったから、ゲームの本は目立ったんです。杉森くんもそれで見つけてくれたんですよ。出会うまでに、ずいぶんと手紙をやり取りしたよね。

杉森　やりましたね。やっぱり、『ゼビウス』が最も話題になってました。あと、地元のロケテスト情報の詳細をまとめて送ったりもしました。

田尻　もう、すっごく面白かったんですよ。だって、僕もかなりゲームをやったと思っていたのに、タイトーの『ナナハンライダー』みたいな自分が知らないゲームばかりを、杉森くんは書いてくるんです（笑）。一体、どういう人なんだろうと思ったんですよ。

――それは、田尻さんが知らなそうなゲームを狙って書いていたんですか？

杉森　いや、たまたま僕が通っている近所に、タイトーのロケテスト場があったんです。

田尻　あとで杉森くんと見に行ったんですよ。そうすると、例えば『べんべろべえ』という、火事を消火するゲームが2台置いてあるんです。見てみると、ダイアルのレバーがボタンとしても押せる操作系と、普通のレバーとボタンが並んでいる操作系が置かれているんですよ。両方とも同じゲームなのですが、火を消すのに普通の操作系で行くか、「水を出しながら変えられるダイアル式」で行くかをテストしていたんだと思います。

杉森　ただ、僕の方は、「なんかインストカードが変だぞ」とは思いつつも、当時はロケテストとはしっかり認識できていないまま、田尻にゲームの報告を書いてたんですよ（笑）。

田尻　当時はちょうど「ゲームフリーク」以外の同人誌も出てきた時期で、そういうロコミが広がりやすいタイミングだった気がしますね。もちろん、リアルでの口コミもありましたしね。

遠藤　都内だと、やっぱり毎週末はみんな当たり前のようにゲーセンにいたから、「アイツがあの店でプレイしてるのを見たぜ」とか言い合って、口コミで情報が広がっていくんです。あと、ゲーセンノート※の存在は重要だったと思いますね。たぶん、登場したのは82年か83年くらいだったと思いますけれども。

※ゲーセンノート　ゲームセンターに置かれている、交流用のノート。攻略情報にかぎらず、様々な話題がやり取りされる。常連のやり取りなどもあり、ネットの掲示板に近い雰囲気も。

――ノートが流行《はや》りだすキッカケになったゲームとかがあったんですか？

遠藤　いやあ、そのゲームのタイトルは言いたくないなあ。異様にたくさんの謎がちりばめられた、絶対に一人では解けないようなゲームがありまして……。

一同　（笑）

――……えっと、『ドルアーガの塔』※は、当時のゲーセン文化を前提にして作られていたわけですね（笑）。

※『ドルアーガの塔』　１９８４年にナムコ（現・バンダイナムコエンターテインメント）より発表さ

れたアーケードゲーム。初見で解くには難しい謎が多くちりばめられていた。国産アクションロールプレイングゲーム（RPG）の先駆けと呼ばれることも。

遠藤　ええ、まあひどい話ですよね（苦笑）。

あれは、明らかにゲーマー同士の口コミでの伝播《でんぱ》を想定したゲームなんですよ。少し前に『ひぐらしのなく頃に』が、ネットでの謎解きの議論がなければ成立しなかったという話があったけど、当時の僕は、まさにゲーセンノートを使ってそれをやろうと考えたんです。結果的に、ゲーセンノートが普及していくキッカケにもなりましたよね。

ただ、『ゼビウス』の時点で、既にゲーセンノートはあったんです。でも、『ゼビウス』の場合は、うる星《せい》あんず※が攻略本を作ったのが、実に早かったんですよ。

※うる星あんず　『ゼビウス1000万点への解法』という同人誌を出版した、当時の有名ゲーマー。『ゼビウス』の攻略情報をまとめた上に、本来は表に出ないはずの開発情報が掲載されており、当時のゲーマーの間で話題を呼んだ。本名は、大堀康祐《おおほりやすひろ》。現在は、『ネクタリス』などのゲームを開発したマトリックス社の社長を務める。

『ゼビウス1000万点への解法』の真相

――マトリックス社の大堀康祐さんが若い頃に出した、『ゼビウス1000万点への解法』の話ですね。

田尻　僕が同人誌「ゲームフリーク」を始めた頃、日本のあちこちに同じことを考えている人が登場していて、うる星あんずさんはその一人でした。

　ただ、彼のグループは進学校に通っていたんです。それで、同人誌を作り続けるのが難しくなったときに、専門学校に通っていた僕らに「〝ゲームフリーク〟を続ける気があるなら、一緒に出してくれ」と委託してきたんですよ。そういう経緯で、僕たちが『ゼビウス１０００万点への解法』の通販広告を、「マイコンベーシックマガジン」という雑誌の付録だった「スーパーソフトマガジン」に出すことになったんです。

　僕自身も「ゲームフリーク」の創刊時に『ゼビウス』特集をやったのですが、ナムコの公式資料や実際のプレイでわかる範囲での情報しかわからなかったんです。ところが、『ゼビウス１０００万点への解法』には、開発のコードネームや絶対に出てこないはずの資料が載っているじゃないですか。驚きましたよね。

遠藤　あれは、僕が渡した資料のせいですね（笑）。

実は、『ゼビウス』をリリースして2週間目に、あのゲームを「クリアした」というやつが連絡してきたんですね。それが、うる星あんずでした。

でも、あのゲームって、そもそもクリアできるような作りになってないでしょう。それで、彼に「嘘こけ」と答えたら、「6時間プレイしたら、バグで飛んだ。これ以上は進まないんだから、クリアだろう」と言ってくるわけです。

田尻　そういう話がありましたね（笑）。

遠藤　で、さらに今度は「俺のクリアした様子を見てくれ！」と言って、VHS3倍モードの6時間のビデオを送ってきたんですよ。

一同　（笑）

――大堀さん、凄い情熱ですね。

遠藤　しかも、「ぜひナムコを訪ねさせてくれ」と言ってくるもんだから、会社から「お前が相手しろよ」と僕が呼び出されたんです。

そうしたら、目がツンツンしている坊主頭のやつが、偉そうに「こんなゲーム、簡単すぎるんだよねー」みたいなことをひたすら言ってくるの。もうね、今で言うところの「厨《ちゅう》二病《にびょう》」の患者ですよ（笑）。

まあ、こっちもビックリしてはいたから、「じゃあ、キャラクター名を書いたシートをあげるよ」なんて言って資料をプレゼントして、帰らせようとしたんです。そうしたら、今度はそいつが「1000万点への解法」を書いた本を出したいと言い出したから、「好きにすれば」と答えたんです。そうしたら、本にその資料の内容がバッチリ書かれてたんだよね。

――一応、オフィシャルに渡したということにはなるんですか？

遠藤　いやあ、違うよねえ（笑）。

田尻　あの本には、ストーリー部分でも他では見かけない設定が入っていたんです。一応、遠藤さんが『ゼビウス』の小説を書かれていたのは当時から知られていたのですが、その内容は誰も知らなかったはずなんですよ。

それで、大堀さんに聞き出したら、遠藤さんに小説を見せてはもらえたのだけど、「その場で覚えたことしか書いちゃダメ」と言われたというんですね。それで、家に帰ってから、一生懸命に思い出して書いた、と言ってました（笑）。

遠藤　そりゃ当時、まだ小説は完成してなかったもん。

——しかし、凄い熱気ですよね。田尻さんの本にも、自転車をこいで遠いゲーセンまで遊びに行く話があるじゃないですか。当時のゲーマーのモチベーションには驚かされるんです。

田尻　だって、行くゲーセンによって、遊べるゲームが全く違っていたんですよ。しかも、価格も1ゲームが50円の店もあれば100円の店もあったし、100円だけど入場するとコーラをくれる店もあった(笑)。そういう、各々のゲーセンならではの体験に凄く価値があった時代でした。

杉森　まさに、「場の体験」ですよね。レバーのコンディションが悪くて点が出ないとか、不良に絡まれて泣きそうになったとか、そういうのを全てひっくるめて、ゲームセンターの体験だったんだと思いますね。

遠藤　あとは、やっぱりコミュニケーションがあったんですよ。そういう意味では、当時のコミュニティに近いのは、今ならMMOの中じゃないですか。

風営法以降、子供が安心して遊べるゲームはショッピングセンターが吸収して、路面店は大人を相手にする方へ向かったんです。そうなると、軒並み大型化していくし、インカムゲインも多く取らなきゃいけない。もう、アーケードは変わってしまいましたね。

『ゼビウス』はどのように企画されたのか

――それでなのですが、実は、今日は『ゼビウス』の企画書を遠藤さんに持ってきていただいたんです。

遠藤　当時のものを出すのは結構大変なんですよ。

田尻　（企画書をめくりながら）『ゼビウス』は謎に満ちているのが面白かったですね。ナスカの地上絵みたいに、マップの加減もよくできていたのが印象的です。

遠藤　その辺のことは、まさにこの企画書に書いてますね。ノンブルの3ページに、マップの全体像があるでしょう。これが、ハードに合わせた仕様検討のマップですね。

田尻　（めくりながら）そうそう、『ゼビウス』のロゴって、コードネームの「V10」を真ん中に入れているんですよ。自分がゲーム作りを始めたときに、「ああ、『ゼビウス』はネーミングもさることながら、こういうセンスも凄《すさ》まじかったんだな」と痛感したんですよ。だって、コードネームが中央に入ってるなんて……もう格好良すぎですよね。

遠藤　でもこれ、作ったあとに気がついたんだけどね（笑）。

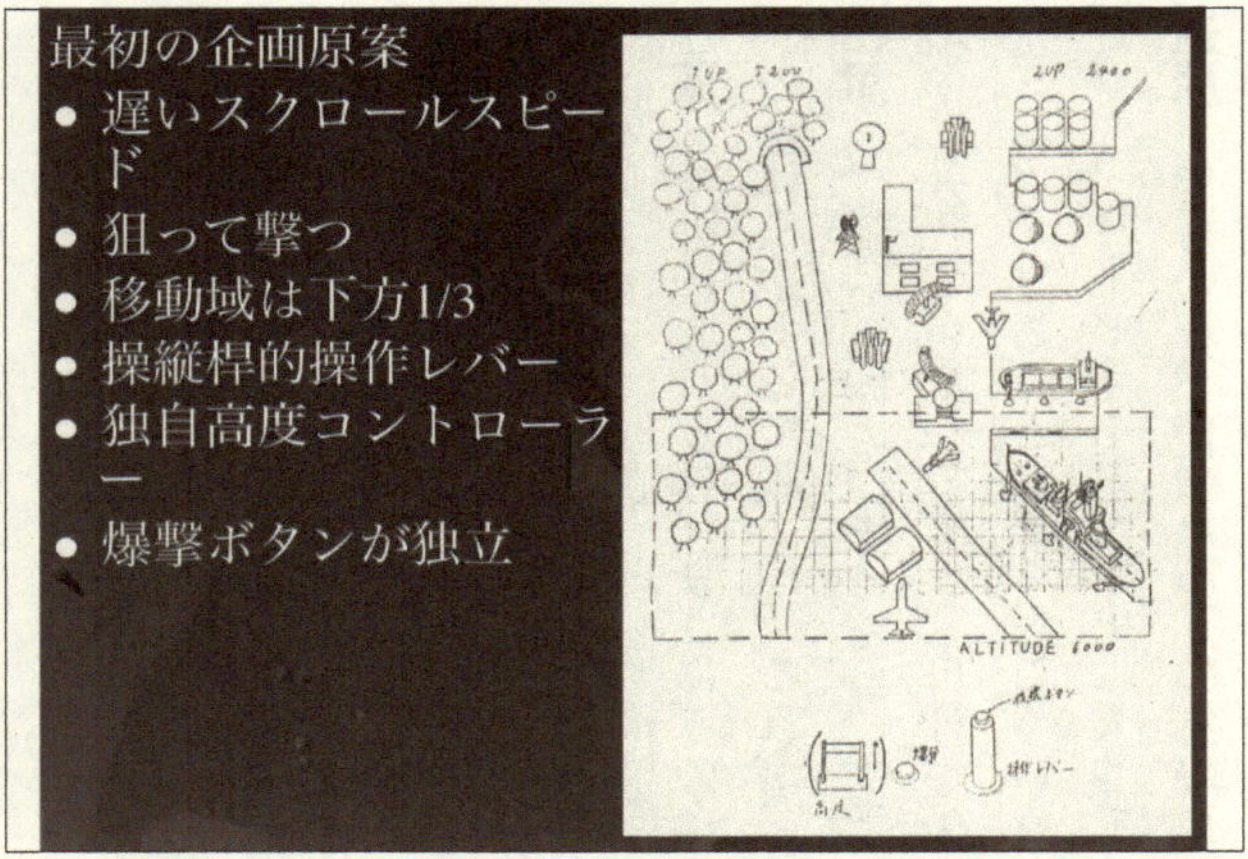
最初の企画原案
• 遅いスクロールスピード
• 狙って撃つ
• 移動域は下方1/3
• 操縦桿的操作レバー
• 独自高度コントローラー
• 爆撃ボタンが独立
ALTITUDE 6000

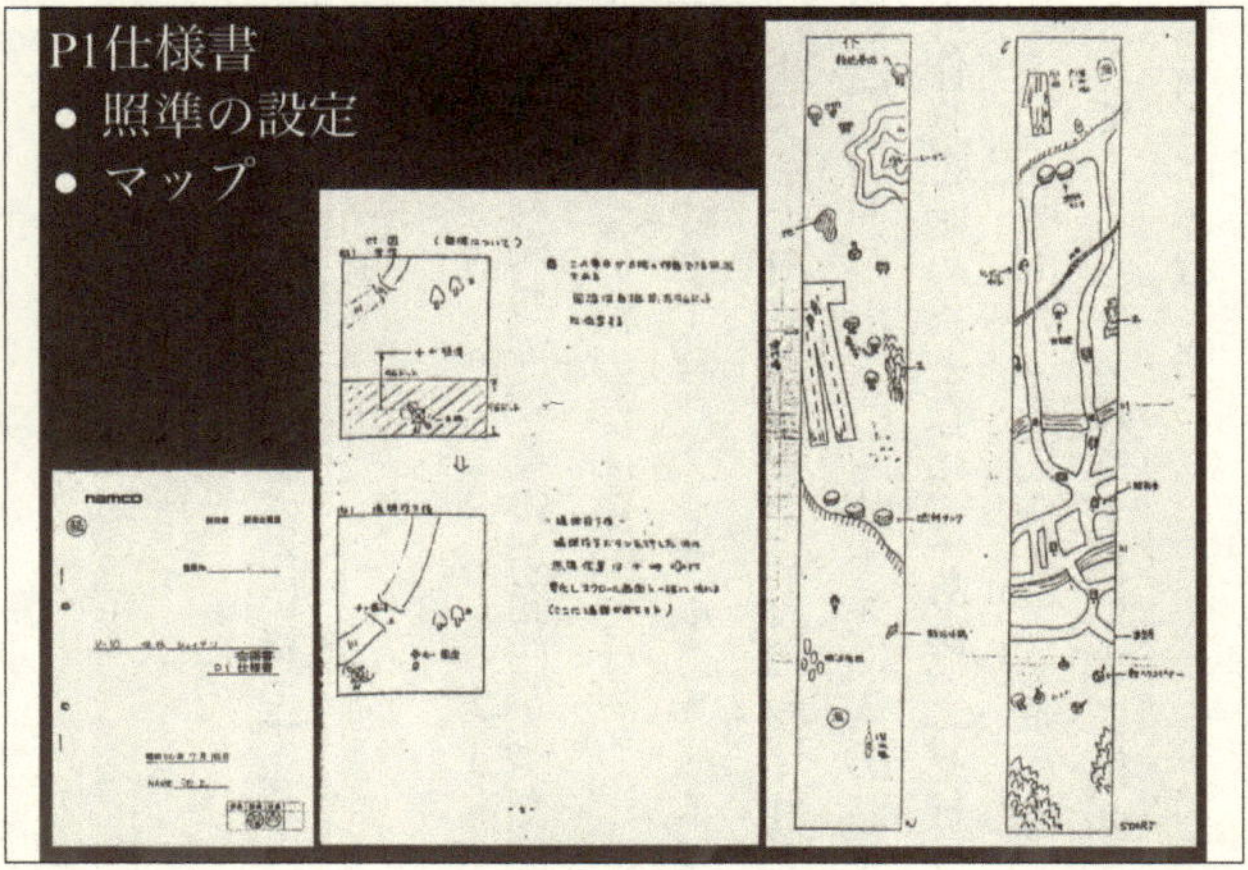
P1仕様書
• 照準の設定
• マップ
namco
START

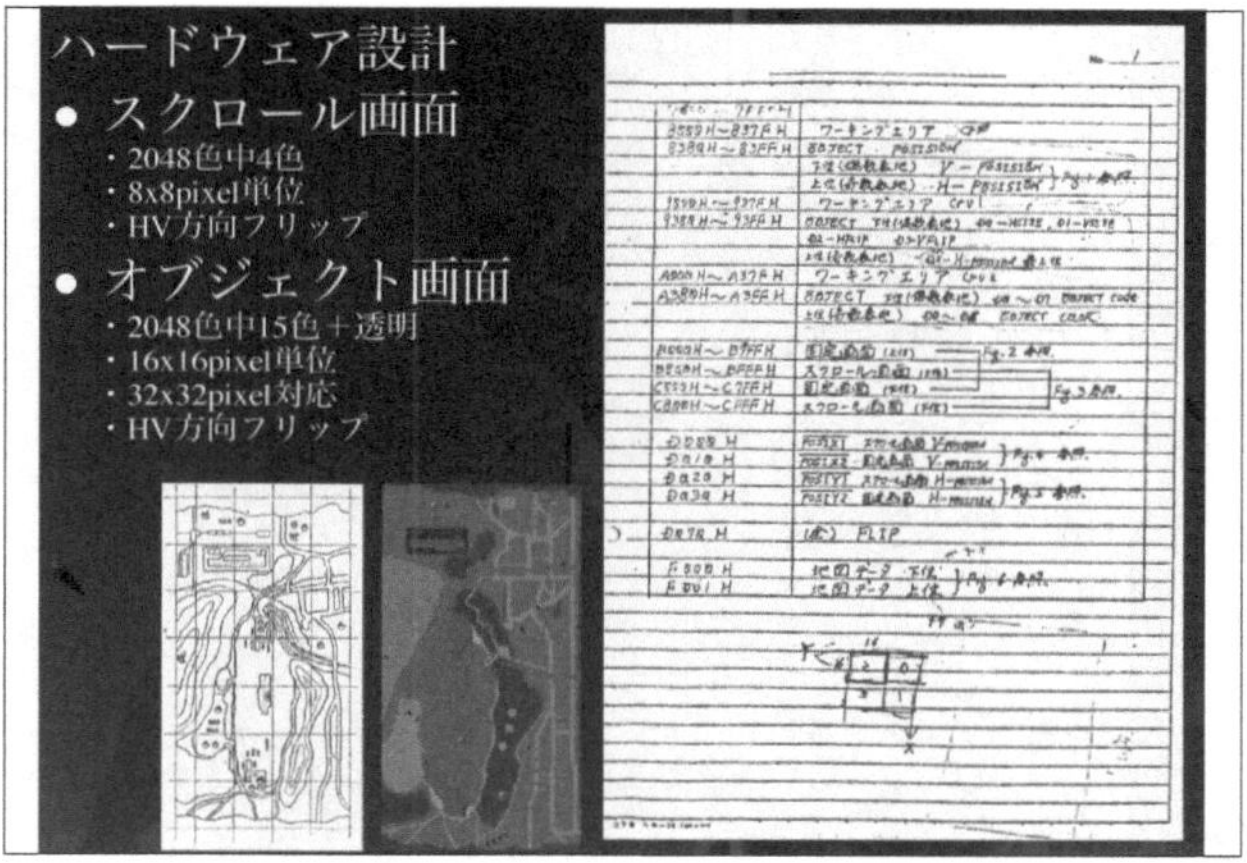
ハードウェア設計
● スクロール画面
・2048色中4色
・8x8pixel単位
・HV方向フリップ
● オブジェクト画面
・2048色中15色＋透明
・16x16pixel単位
・32x32pixel対応
・HV方向フリップ

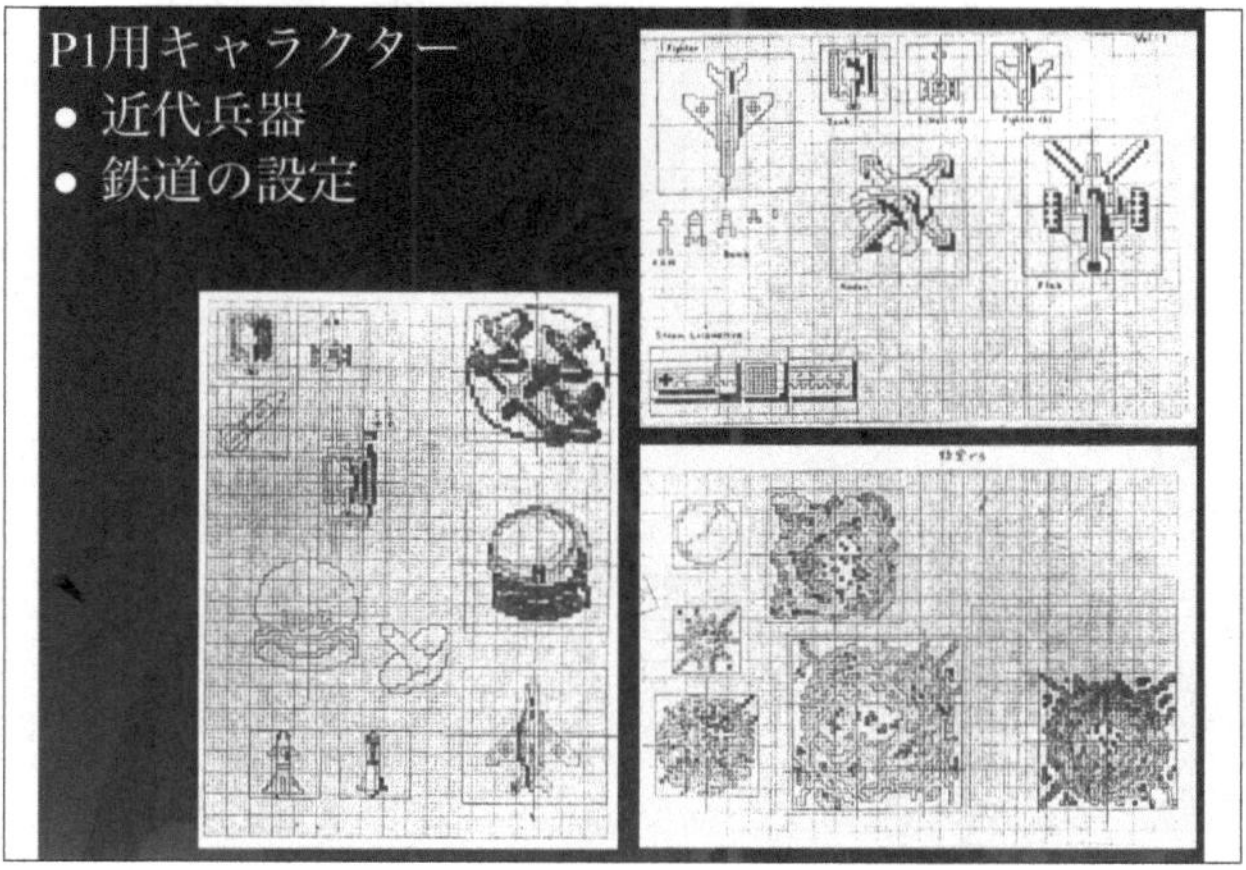
P1用キャラクター
● 近代兵器
● 鉄道の設定

田尻　まあ、あとでそれを僕も聞いて、「うーむ」と合点が行ったんですけどね（笑）。でも、その開発の経緯まで含めて、凄いことだと思います。この企画書にもあるように、『ゼビウス』のロゴ自体を、もう何種類も作ってるじゃないですか……。

遠藤　そういう話まで含めて、何重にも謎が生まれたゲームだったんでしょうね。

田尻　しかし、面白いですね。昔の企画書や仕様書が、ちゃんとこういうふうに話として出てくるのが、もう本当に素晴らしいですね。

杉森　こういう貴重なものを見せていただけると、もう単なるファンに戻ってしまいますね。

——杉森さんにとっては、『ゼビウス』の新しさはどういう部分にあったのですか？

杉森　当時、謎が深まるという話がよく言われてましたが、僕としては「見た目が凄いゲーム」という印象が一番なんですよ。

どこか今風のドット絵の捉《とら》え方にも通じる、ちょっとオシャレな感じがあるんですね。しかも、メカデザインなんて、いま見ても全く古びていない。これほどの強力な表現が、あの80年代初頭のゲームの世界に登場してきたことが、まず何よりも衝撃的でしたね。

田尻　スペシャルフラッグなんか、もう一周してオシャレじゃないですか。ああいう抽象

株式会社ゲームフリーク・杉森建氏

的なものが登場してくるのも驚きましたよね。

遠藤　この辺のメカをデザインしてくれたのは、いまは「遠山式立体表示法」なんかをやってる遠山茂樹くん※ですね。今でも現役なのですが、本当に良いデザイナーだと思いますね。

僕の作った開発バージョンを、表に出すクリーンナップのために一旦《いったん》デザイン部に出すことになったときに、たまたま同期だったので彼に頼んだんです。その出来栄えがあまりに良かったものだから、僕が「俺、もう全部キャラクターをお前が描いた形に直すわ」と言って、自分でドット絵を打ち直したんですよ。

※遠山茂樹　バンダイナムコスタジオ所属のデ

ザイナー。『ゼビウス』のメカグラフィックなど、数々のナムコの名作ゲームを手がけてきた。SONYに出向した際には、AIBOの企画にも参加している。遠山式立体表示法は、氏が2002年に開発した赤青メガネで現実と区別できないほどの立体感を表現する技術。

杉森 ドットの技術も凄まじいと思うんですよ。光の当たり方なんて、リアルじゃないですか。一番明るいところは白く飛んでいて、真っ黒い影も落ちている。あれがもう、とてつもなく格好いいんです。バキュラなんて、もうキラキラ光りながら回ってるように見えましたからね。

遠藤 アニメーションのコマ割りをかなり多くしたので、当時のゲームとしては動きも優雅だったと思います。バキュラのミソは、一番明るいところの周囲の灰色をちょっと他の灰色と差をつけておいたことなんです。今風に言うとスペキュラーですよ。そうすると、明るいところが際立つんですね。

その辺は、「さすが僕だわ」と思いますね（笑）。当時、誰も追従できないレベルだったはずですよ。

理由は簡単で、僕は美術の発想でアプローチしなかったんです。あくまでも理系の、工学屋さんの発想でアプローチしたんです。物理学の理屈で考えると、こういう光の当たり方になると計算して、テストプレイで見え方を検証しながら作ったんですね。

――当時、他のゲームを見ていて、「なんかおかしいぞ」と思うところはありましたか？

遠藤　そりゃ、あの頃の僕はタカビーな人間でしたからね。「くだらないものを作ってるな」と思ってましたよ。

だって、既にアニメーションの世界では、富野由悠季《とみのよしゆき》※が『ガンダム』を世に問うていたわけですよ。それにもかかわらず、当時のゲームに出てくるロボットは、赤・白・青で子供向けのオモチャみたいなものばかりだったんです。

※富野由悠季　アニメ監督。『ガンダム』シリーズの生みの親。遠藤雅伸氏はファンを公言しており、このインタビューでも、富野氏が監督した『伝説巨神イデオン』からの影響が語られている。

まあ、もちろんゼビウスの場合は、カラーパレットが３色から８色に増えたタイミングだったんですけどね。ただ、これは我ながらパラダイムシフトだったと思ってるのですが、僕は多色化をグラデーションに使う方向に振ったんです。他のクリエイターが多くの色を使う方向で考えていた中で僕はむしろ色素を飛ばして立体的に見せるほうに力を注いだんです。

――バキュラとか、立体感が凄いですものね。

遠藤　今となっては、もう『ゼビウス』の玄人筋からの評価は、プログラムやゲームデザインよりは、グラフィックになってますからね。
当時、中古車屋の看板で最初からパースが付いたデザインなのに、グルグル回してるのがあって、それを取り入れたんです。実は、あの「バキュラ」って、形状としては長方形が8コマ回しで台形に変化するのを繰り返してるだけなんです。でも、そこに輝度変化を加えると、一気に奥行きが表現できてしまうんですね。
ちなみに、色数を犠牲にして、グラデーションで輝度変化させる演出に振り向けたおかげで、メタリックで無機質な印象が生まれたのは面白かったです。サウンドの方でも、非常に速いテンポで音を出すことで、その印象を強めてます。相手を「殺す」というよりは、何かが飛んで行って「壊れる」という見せ方にしたかったんですよ。
杉森　あと、個人的にはアクションゲームで「敵が自分を見ている」という感じを出す重要性を教えられた気がするんですね。
――「敵が狙っている」ような感じですか？
杉森　ええ。特に昔のゲームって「右から左へ行って、そのまま崖《がけ》から落ちていく」みたいな敵が出てくることが多かったんですよ。それに対して、『ゼビウス』は明らかに敵に

加速度表現の追加

- 疑似並列処理
- 毎フレーム計算

・位置=位置+速度

　これでは直線的な動きに限定される。またテーブルを利用して、設定されたルートを移動するターゲットは動きが稚拙。

・速度=速度+加速度

　加速度を変化させることで滑らかな飛行曲線を作る。

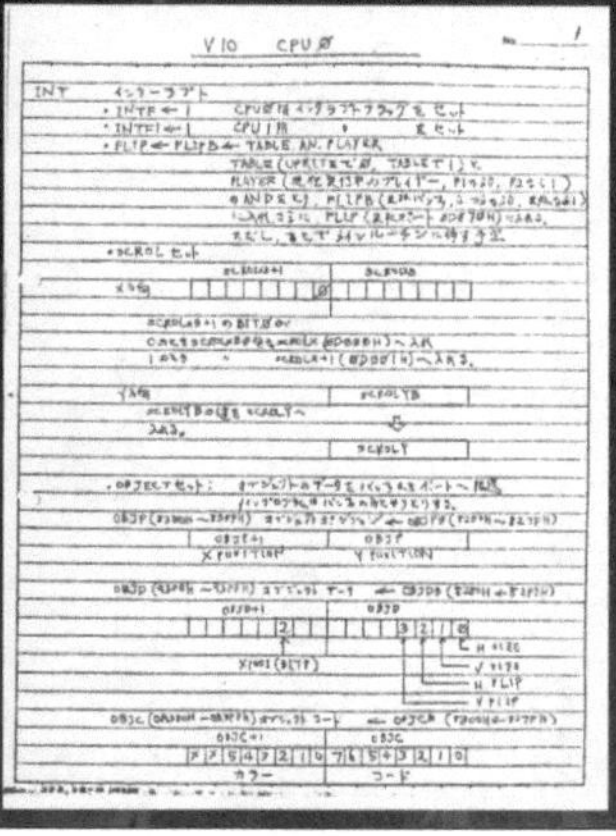

会社の方針

- ゲームにメリハリがないとダメ！

偉い人「なんかこう、大きな要塞とか出てくるといいね」⇒浮遊要塞アンドア・ジェネシス

「惑星直列」とかが話題になっていて、占星術で惑星が十字型に並ぶ「グランドクロス」を仕様に盛り込む。

意思があることが画面から感じられるんです。僕は、これを今でも大事にしていて、何か敵を出すときに「こっちを狙ってきている」という感じが出ているかを注視していますね。

遠藤　『伝説巨人イデオン』の敵メカには、全て不気味なまだら模様をつけて、点滅させたんですよ。心拍数と同じペースの点滅には緊迫感が生まれるので、『ゼビウス』では、その辺りの間隔で光るように調整しています。確かに、今でもユーザーから「敵に結束が感じられた」とか「何か意思のようなものを感じた」と言われるんですね。僕は、こういうのも「ナラティブ」なんだと思ってます。

「新しい謎を知るたびに遊びたくなった」

——田尻さんにとっては、『ゼビウス』が他のシューティングゲームと大きく違ったのは、どういう部分なんですか?

田尻　やはり、さっきも言ったように「謎」ですね。都市伝説のような噂話もそうだし、ゲームの中に意図的に仕掛けられた謎もそうです。

例えば、ゲームを始めてすぐに画面右端をブラスターで撃つと、隠しメッセージが出てくるじゃないですか。なかなか遊んでるときには気づかないですが、あとで知ったらプレイしたくなりますよね。そういう仕掛けが何重にもあって、謎が深まっていって、新しい謎を知るたびにまた遊びたくなって、心に残っていくんですね。

――ちなみに、「プレイするたびに謎が深まる」というキャッチコピーは遠藤さんが考えたものなんですか?

遠藤　あのキャッチコピーは、エラい人が考えたんだよね……。

田尻　当時のチラシや資料には、「ファードラウト伝説」という言葉とか記号が入っていましたよね。

遠藤　まあ、経緯を言ってしまうと、その辺の記号や伝説は色々な経緯があって作ったものなんですよ。ある日、誰とは言いませんけど、とある人が「いやあ、遠藤くん、名前決まったよ。ゼビウスだよ」と言ってきたの。で、「どういう意味ですか?」と聞いたら、「いやあ、特に意味はないんだけど、濁点がついてて、強そうでしょ」とか言われるわけ。

杉森　まあ、実際のところ、名前を音の響きで決めることはありますけどね（笑）。

遠藤　ちなみに言うと、その人はプロトタイプを見せたときに、「何が面白いんだ」と言ってきたから、喧嘩《けんか》した人なんですけどね（笑）。

その人は、ある程度ゲームができてきたら、今度は「いやあ、面白くなってきたから、ナスカの地上絵を入れようよ」なんて言って、今度は地上絵を入れてきたりしてね。でも、僕はそういう全てを取り込む世界観を作ってやろうと思ったんです。ナスカの地上絵も、何の意味もない名前のゼビウスも取り込んで、全てを意味があるものにしてやろうと。

しかも、今度はさらに上の人たちが、当時話題になってたグランドクロスという「惑星直列」を取り入れたいと言い出したんですよ。「あれ、ゲームのなかに取り入れてよ」なんて言われて、「どうやって取り入れるんだよ!?」と思ったよね。

一同　（笑）

遠藤　でも、「じゃあ、わかりました」と答えるんです。ある平面を中心に、90度ずつ前後左右上下の6方向に星が重なったとき、その中心点でなにか起こるという設定を入れます、と。それで、ファーは6、ドラウトは重なるという意味の言葉を作って、「六つの星が重なったときに、そこで色んな現象が起こるんですよ」ということにしたんです。それで生まれたのが、「ファードラウト伝説」です。

で、惑星直列が起きる中心点を地球にして、それが向こうの国の言葉では、ゼビは4でウスが星で、地球はゼビウスという「4番目の星」という意味にしたわけです。凄いでしょう、この厨二病的な解釈（笑）。
でもさあ、僕に言わせれば、地球は自転をしていて、さらにとんでもない速度の中で公転しているわけですよ。その中で平面上の六つが重なることなんて、本当に一瞬の出来事でしかないんだよ。でも、偉い人たちの中では、なんか惑星が徐々に重なっていくイメージだったらしくて、そこにロマンを感じてくれたみたいですね。僕としては、単に「はあ、そうですか。シメシメ」だよね。

田尻　でも、そういうせめぎ合いの中から、こういうゲームは生まれるんだと思いますよ。

遠藤　まあ、こういうムリヤリな制限があったからこそ、良くなった部分もあるのは事実なんですよね。実際、そういうふうに設定を構築して、断片的な情報を与えていったというのは、今にして思えば「ナラティブ」の先駆けでしたね。

田尻　ナスカの地上絵の中心を打つと７万点が入るという噂にも、相応の根拠があったわけですよね。

遠藤　そうそう。一応、六つの星から送られたエネルギーを受け止めるためにソルが存在して、そのエネルギーを受けて活動を始めるという設定があるんです。それで、ノストラダムスの大予言で予言されている「恐怖の大王」というのは、２０１２年のソルの活動で引き起こされる話だったということにしました。

まあ、別にいくらノストラダムスの元の詩を読んでも、「人類が滅亡する」なんてどこにも書いていなくて、「ちゃんと読めよ、お前ら」と思いながら作ってましたけどね（笑）。

――そういうお話は、ストーリーとして公開されていたんですか？

遠藤　ええ。その光景を流れ星として少女が見ているとか、さらに細かい話もあるんですよ。ちなみに、ソルはエネルギーで起動するのだけど、ブラスターを打ち込まれると、それをエネルギーと誤認識して起動してしまうんですね。ま、いかにも理系の人間がつじつま合わせで考えたような厨二設定ですね。

――ずいぶんと凝ってますよね（笑）。

遠藤　ストーリーについては、富野監督の『伝説巨神イデオン』へのオマージュが多いですね。『イデオン』に出てくる宇宙船も地下に埋まっているでしょう。

あと、『ゼビウス』の場合は、遺跡だけ残して出て行った連中が戻ってきたら、氷河期で絶滅するはずだった人間たちが、空き巣みたいに文明を発達させていたわけですよ。その遺跡を残した連中のイメージや、対立する両者に正義があるという設定も『イデオン』からのインスパイアがありましたよね。

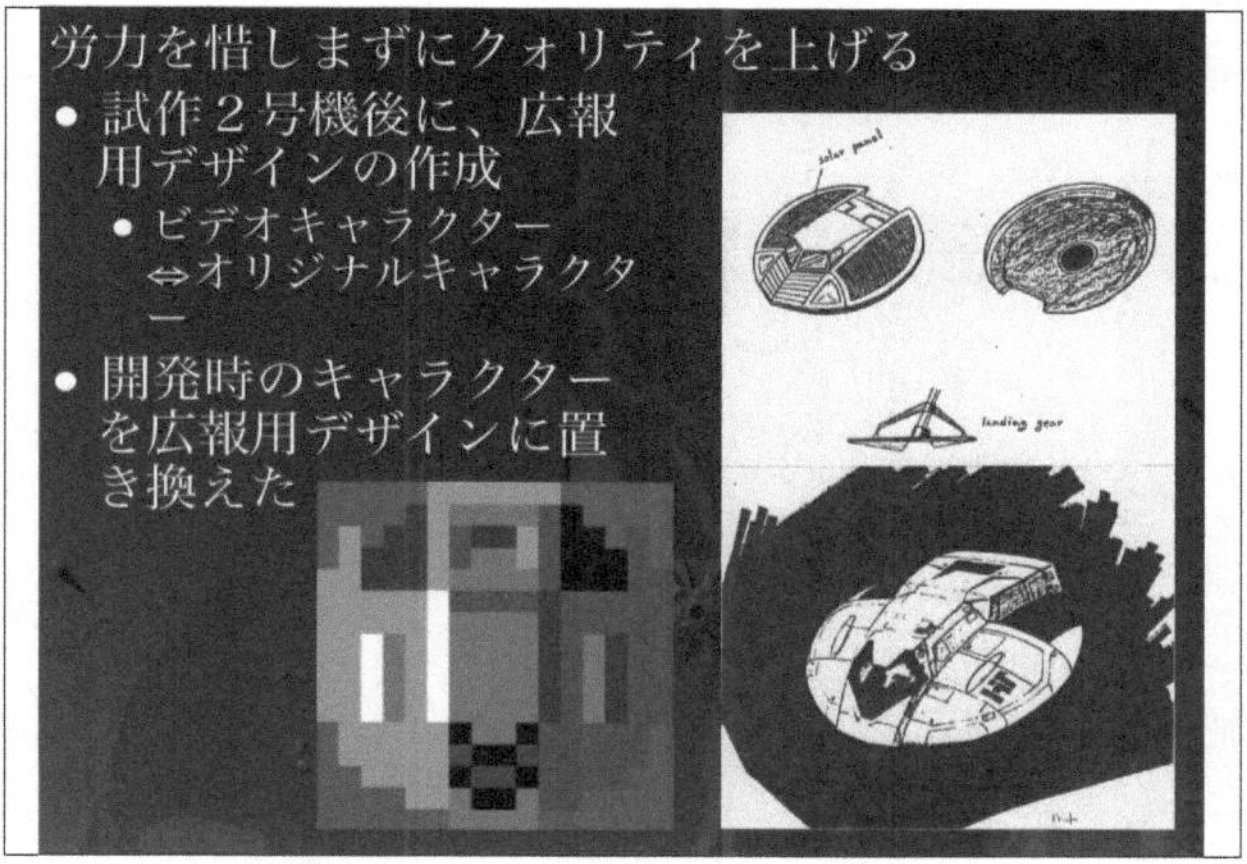
労力を惜しまずにクォリティを上げる
試作２号機後に、広報用デザインの作成
ビデオキャラクター⇔オリジナルキャラクター
開発時のキャラクターを広報用デザインに置き換えた
solar panel
landing gear

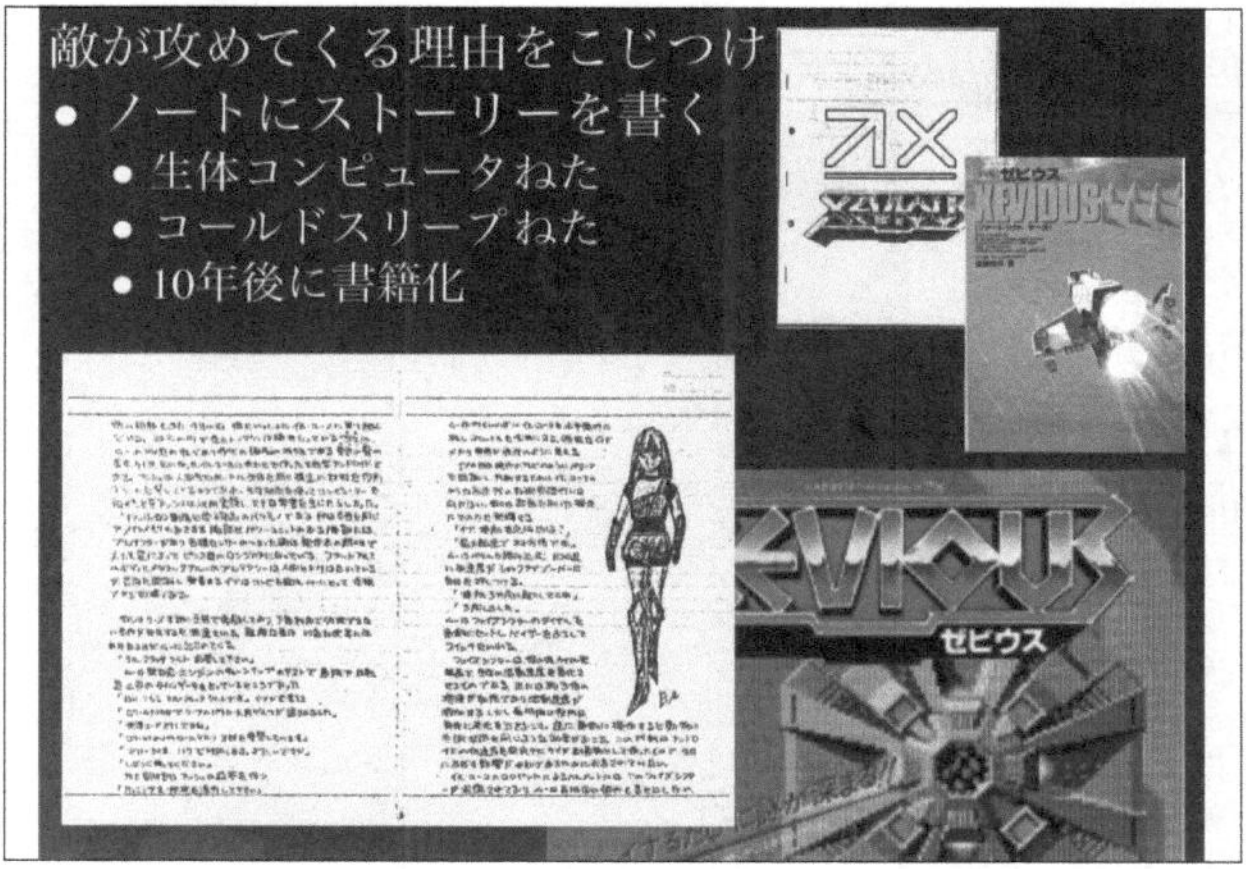
敵が攻めてくる理由をこじつけ
ノートにストーリーを書く
生体コンピュータねた
コールドスリープねた
10年後に書籍化
ゼビウス

――富野監督の影響がこんなところにも……（笑）。でも、こんなに細かく設定が決まっていると、噂が流れたときにはどう対処するんですか。

遠藤　意図していない形で出たときは、「いや、あれは違うんだよねえ」と、ボソっと言うだけですよ。全てを語る必要なんてないんです。

まあ、でも色々といじくられたおかげで、どう掘られても怖くないくらいに理論武装されたというか、厨二病的に響く世界観になったのは間違いないですよね。

田尻　『ゼビウス1000万点への解法』を初めて読んだときに、全てのキャラクターに名前があることに、ショックを受けたんですよ。ここまで作り込まれているのか、と。

でも、自分が実作者に回ってみてしみじみわかったのが、キャラクターに名前がついていることの大切さだったんです。

遠藤　ええ。名前をつけることで、色んなことが定義されるんですよ。

僕は、これを言語学から学んだんです。例えば、もしライオンに名前がなかったら、「鋭い爪と牙《きば》を持ち、たてがみがある動物」とかって表現するしかなくて、ただ不気味に怖いけれども、一たびライオンという名前がついてしまえば、意味不明な怖さは消える。名前がつくと、それが本質的に秘めている危機がどの程度かを理解できるようになって、安心を生むんですよ。

だから、僕は制作の際にも、ひとまず名前をつけておきますね。開発の名前のコード順にゼビ語っぽい雰囲気でつけたり、色々とやったものです。しかも、あとで米国支社から「売りたいなら、呼びやすいように名前を変えろ」と命令されたりしたので、最終的にはコードネームとゼビ星での呼び名に加えて、実際の名前という三つ目の名前が並ぶ羽目になったりね（笑）。

杉森　でも、ユーザー視点では、そういうふうに複数の名前があることが、もう単純に格好良かったですね。コードネームという単語にも惹《ひ》かれましたしね（笑）。

遠藤　名前については、相当にこだわったんですよ。兵器や戦艦の名前には一貫性を持たせています。

当時、受験生がみんな持ってた「豆単」という英単語帳から最重要単語を取り出して、みんなで片っ端からゼビウス語に置き換えたんです。「大きい」は「ガル」、「奇跡」は「ザカート」みたいな感じです。そうやってゼビウス語の基本を作ってしまって、大きいものには全て「ガル」を入れるんです。すると、奇妙な響きを持ちながらも一貫性がある名前になって、何か「神話性」のようなものが生じるんです。こういうのも、今でいうところのナラティブなんだと思いますよ。

――ほとんど、言語を丸ごと一個作ったような……。

遠藤　あれだけの派生コンテンツを作れたのは、最初に世界観を徹底的に構築できたのが大きかったように思いますね。

ゲームフリークは〝アーケード上がり〟？

――ところで、せっかくなので、少し『ゼビウス』の話からは離れてしまうのですが、遠藤さんから見た、田尻さんや杉森さんたちゲームフリークの評価も聞いてみたいのですが。

遠藤　ゲームフリークというのは、非常にコンベンショナルで、コンサバティブな、もう頑固オヤジみたいな集団ですよね。日本的なゲームの源流みたいなものを、今でも形にしていこうというスピリットを感じますよね。最初に作ったゲームは、『クインティ』だっけ？

田尻　そうですね。同人誌をゲームフリークで作っているうちに、どうしてもファミコンのゲームも同人で出したくなってしまったんです。

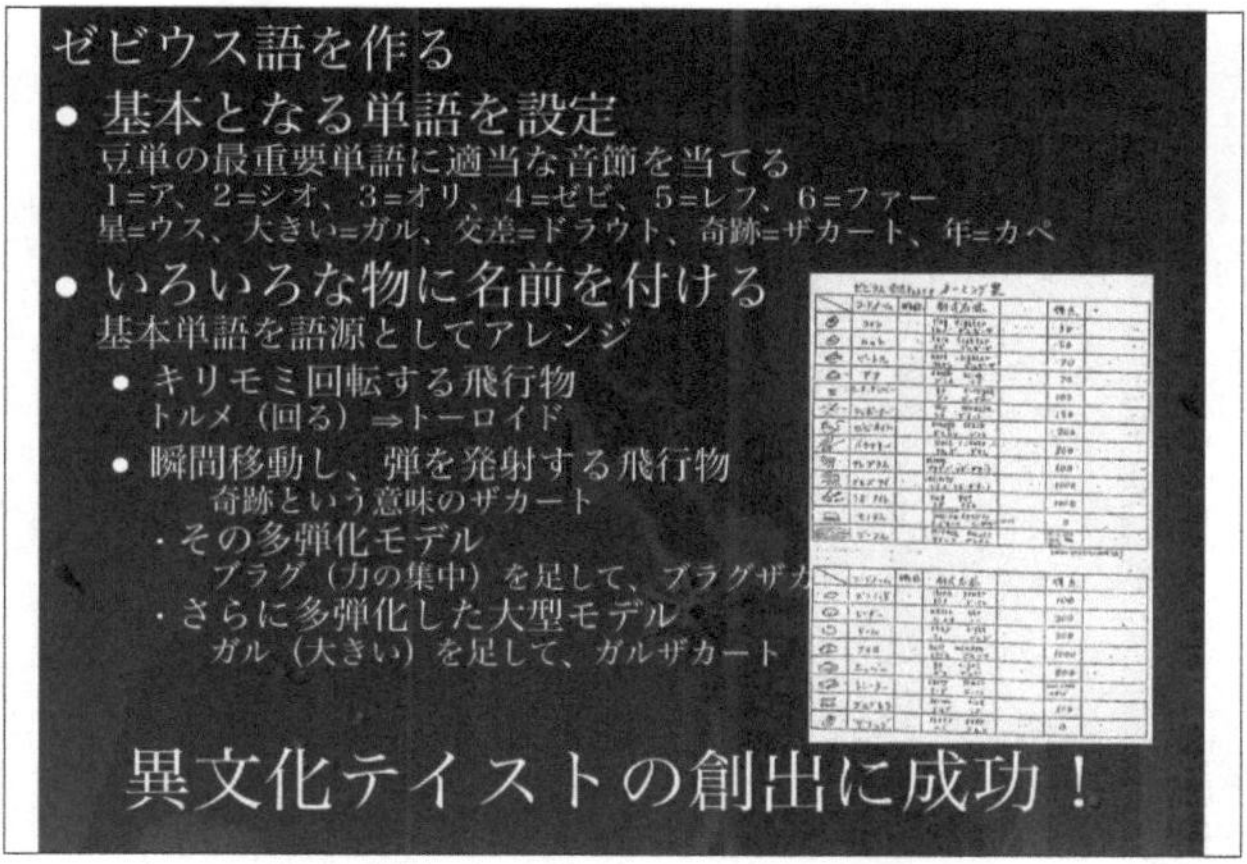
ゼビウス語を作る
• 基本となる単語を設定
豆単の最重要単語に適当な音節を当てる
1=ア、2=シオ、3=オリ、4=ゼビ、5=レフ、6=ファー
星=ウス、大きい=ガル、交差=ドラウト、奇跡=ザカート、年=カペ
• いろいろな物に名前を付ける
基本単語を語源としてアレンジ
• キリモミ回転する飛行物
トルメ（回る）⇒トーロイド
• 瞬間移動し、弾を発射する飛行物
奇跡という意味のザカート
・その多弾化モデル
ブラグ（力の集中）を足して、ブラグザカ
・さらに多弾化した大型モデル
ガル（大きい）を足して、ガルザカート
異文化テイストの創出に成功！

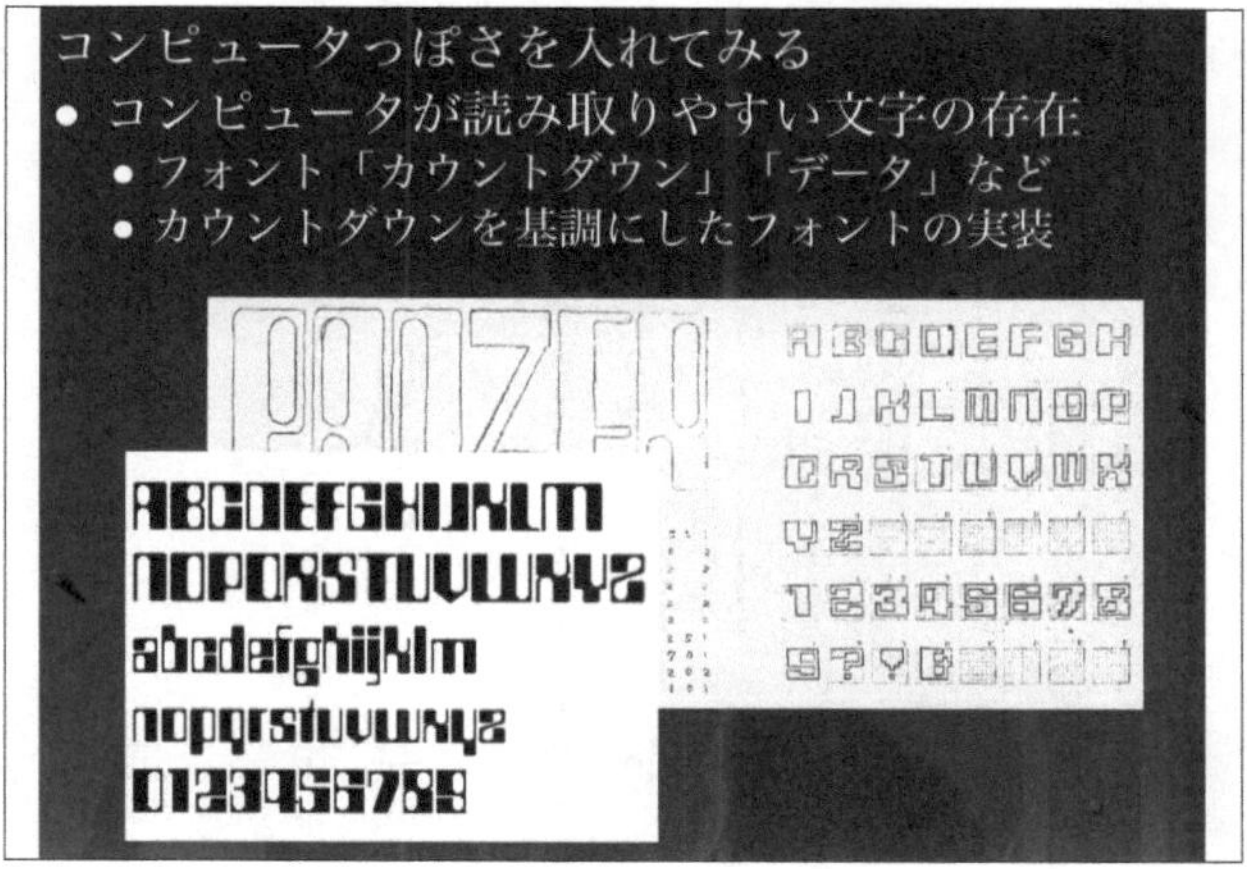
コンピュータっぽさを入れてみる
• コンピュータが読み取りやすい文字の存在
• フォント「カウントダウン」「データ」など
• カウントダウンを基調にしたフォントの実装
ABCDEFGHIJKLM
NOPQRSTUVWXYZ
abcdefghijklm
nopqrstuvwxyz
0123456789

そうして作っていたら、やはり色んなゲームの思い出がアイディアの元になっていくんです。特に、ナムコの色んな名作ゲームが、僕の血肉になっていることに気づかされたんですね。

そうなると、やっぱりナムコさんで販売してもらえないかな……という想いが募るわけですよ。そこで、ログイン編集部の取材で営業部によく伺っていたので、完成品をナムコさんの営業課長や部長の方に見せに行ったんです。

遠藤 まあ、結果的には、大正解だよね。ナムコは制作するゲームに、本数制限を設けてなかったんですよ。他の会社だったら、たぶん出せなかったんじゃないかな。

※本数制限　ファミコンに早期から参入したサードパーティは、その初期ライセンス企業の優遇措置として本数制限なし、自社ラインで生産可能等といったメリットがあった。対象企業は、ナムコに加え、ハドソン、タイトー、コナミ、カプコン、ジャレコの6社。

田尻 そうだと思います。「良い内容なら、何本でも出せるから」と言うので、せっかくだから何ヶ月もかけて、ファミコンっぽい味つけに調整したんです。そうしたら、結果的に20万本くらい売れてしまったんですね。僕たちのゲーム制作の道が開けたのは、そこからですね。

遠藤　確かに、ファミコンらしいゲームだったね。あれはよくできてたなあ。今で言うところの「ダイナミクス」を重視しているゲームで、パズルの要素もあるのだけど、本質的にはアクションゲームなんだよね。しかも、その動かし方のバランスや洗練が、もう実にナムコっぽいんですよ。

杉森　そういう部分は、確実に血肉になっていたと思いますね。

田尻　敵は４方向にしか歩けない一方で、自分は８方向に動けるんです。十字キーを斜めに入れるとジグザグに歩けるけど、敵は道に沿ってカクカクと動く。この辺は『パックマン』を意識したんです。他にも、カーブをショートカットして歩けるようにしたり、敵が絶対に歩いてこない場所をあえて作って、繰り返しプレイした人が覚えて上手《うま》くなれるという仕掛けなんかも入れました。

こういう仕掛けは、僕がゲームセンターで体験した、あのたくさんの名作ゲームの体験を意識的に取り入れたものです。『クインティ』には、そういう当時のゲーセンでのゲームをヒントにしたアイディアやオマージュがかなり複雑に入ってるんですよ。

遠藤　でも、もう自分たちのものにしてたじゃん。だって、君が手渡してくれたときに、「『ゼビウス』へのオマージュなんです」と言われたんだけど、僕にもわからないレベルだったからね（笑）。

田尻 最初に歩いて寄って来た敵が、主人公に当たる前に引き返すようになってるのは、『ゼビウス』冒頭のトーロイドへのオマージュです（笑）。

遠藤 まあ、徐々にプレイしていると、微妙にわかる気はしてきたんだけどね……。

杉森 『ゼビウス』は、僕の周りに指示するときの共通言語になってますからね。「この敵はジェミニ誘導にして作って」みたいな。そうすると、「ああ、なるほど」と言って、作ってもらえるんです（笑）。

遠藤 ゲームを作るときには、共通言語は大事だからね。

――「『クインティ』はファミコンらしい」とおっしゃるのは、具体的にはどういう部分ですか？

遠藤 操作系やグラフィックですね。特に『クインティ』のグラフィックは、実にファミコンらしいと思います。

ちなみに、ゲームデザインという点では、そもそもファミコンとアーケードの時代で変わったところはないんです。というか、当時の話をすると、むしろファミコンの売り文句の一つが「アーケードと同じダイナミクスが使える」ということだったくらいなんですよ。

田尻　アーケードの名作ゲームの移植も多くて、ゲームセンターの頃を生き直しているような不思議な時代でしたよね。僕も、ライターとして、自分が遊んできたアーケードゲームの移植版について、ファミコンの雑誌に書いたりしたものです。

遠藤　逆に言うと、パソコンの人たちがファミコンに来たとき、彼らは全く違うところからスタートする羽目になって、本当に苦労したんです。彼らなりに、なんとかファミコンを消化して作り上げたのが、実はＲＰＧというジャンルなんですね。

――スクウェアやハドソンですよね。やはり、パソコンゲームから来た人は、遠藤さんの目から見ると違っていましたか。

遠藤　そもそも当時、めちゃくちゃ確執がありましたから。〝アーケード上がり〟、〝パソコン上がり〟なんて言葉があったんです。「ロクに時間の管理もできない〝パソコン上がり〟の野郎が」みたいな感じですよ。

実際、パソコンゲームを出自に持つ会社って、だらだらと続けさせるようなデザインのゲームを出してたでしょう。まあ、逆に彼らからすると、「じっくりと遊ばせられない〝アーケード上がり〟」という話になるんですけどね。

――その文脈で言うと、ゲームフリークは〝アーケード上がり〟になるんですか？

遠藤　そう！　そこが田尻くんたちの凄いところなんだよ。だって、実際にはアーケードゲームなんて作ってないわけでしょ。

田尻　そこは、とても重要なところだと思います。僕たちは、本当はアーケードゲームを作る道もあったんです。でも、ゲームセンターという場所で体験したことを活《い》かして、そうじゃないゲームを作ることに決めたんです。これについては、結果的にはとても良かったんじゃないか、と判断しています。

――そういう意味では、同じRPGでも、堀井雄二《ほりいゆうじ》さんや中村光一《なかむらこういち》さんの作った『ドラゴンクエスト』はパソコンの文脈だけど、『ポケモン』はアーケードの文脈ということになるんでしょうか。

田尻　そうだと思いますよ。

遠藤　まあ、厳密にアーケードの文脈と言えるかはともかく、テイストは明らかにアーケード寄りですよね。

――ちなみに、田尻さんや杉森さんが考えるアーケードらしさって、どういうところですか？

杉森　単純なところでは、すぐに始まるところですね。長いデモとかは入れない。

――確かに、パソコンのアドベンチャーゲームは、まずはデモから始まりますからね。

杉森　僕らなんかは一刻も早く操作させたいわけだけど、やはりそういうゲームは、まずは文字を読んでからという感じがありますよね。これ、実は重要な違いなんじゃないですかね。

セガ版のテトリスは何が画期的だったのか?

――ゲームフリークのそういう精神というのは、社内でも引き継がれているのですか?

田尻　やはり、今のゲームフリークは、これまでに築いたブランドが評価されている会社なんですね。でも、『ポケモン』以外の新しいゲームを作りたい人は、やっぱり出て来るんです。僕も、そういう人には期待したいんです。

遠藤　それは、ゲームフリークの素晴らしいところだね。新人が、それまでのゲームの延長線上にあるものしか作りたがらない企業もあるからね。

田尻　まあ、新人にとっては『ポケモン』を作るのも、それはそれでプレッシャーだと思いますよ（笑）。やっぱり、売れないこともプレッシャーだけど、売れてしまうこともプレッシャーですから。

ただ、少し前にスマホで遊べる『ソリティ馬』という競馬とトランプを合わせたゲームを出したんです。あのアプリやその3DS版が「いかにもゲームフリークが作りそう」ということで評価されていて、なんだか嬉《うれ》しかったですね。

もちろん、僕たちは『ポケモン』は作り続けるんです。でも、その一方で、ゲームフリークという組織としては、『ポケモン』じゃないものにも挑戦していくのは大事だと思うんです。その両方の組み合わせがあり、その出来栄えを見てもらうことで、「ゲームフリークのゲームって、いつも面白いよね」と言ってもらえるはずなんです。

遠藤　そこにいるのが、『ソリティ馬』の企画者の人ですよね。

一之瀬《いちのせ》　……そうですね。

僕は、まさに社長※と杉森から直に「ゲームフリークイズム」みたいなものを学べた世代ですから、僕たちが下にそれを受け継がなきゃいけないと、日々思っているところなんです。

例えば、社長が以前、「ゲームで一番良いアイディアというのは、コストがかからないで、面白くなるものだ」と教えてくれましたよね。

※社長　田尻智氏の同人誌時代からのあだ名。

『ソリティ馬』プランニング、サウンドデザイン担当の一之瀬氏。当日、収録場所のアテンド担当者として同席していたが、ここから急遽登場することに。

田尻　そうですね。とても大切なことです。

一之瀬　昔、あるゲームで僕が考えたアイディアについて、社長に3時間くらい怒られたことがあるんですよ（笑）。

そのときに社長が出した例が、セガ版のアーケード版『テトリス』だったんです。『テトリス』は元々、上から落ちてきたブロックが下にくっついた瞬間に固定される仕様だったのを、セガはその設置にタイムラグを設けて、接地してからもしばらく左右に動かせるようにしました。その簡単な仕様変更により、一気にテトリスのゲーム性は飛躍したんだ、と。良いアイディアというのは、こういう小さな工夫でゲーム性を一気に高めるものなんだ、と教えてくれたんですね。

実際、そのときの僕のアイディアときたら、グラフィックコストばかりが増えるアイディアで……。でも、こういうことをストイックに考えている開発者は、実は数少ない気がするんです。

――……さすがゲームフリーク、というお話ですね。しかも、そうやって怒られた人が、後に『ソリティ馬』を作った、と（笑）。ちなみに、そういう田尻さんの逸話って、他にもあったりするんですか？　最近、あまり表に出ていらっしゃらないので、田尻さんのエピソードを知りたい人も多いのかなと思うのですが……。

一之瀬　ええと（笑）、そうですね。

以前、社長室からずっと『ドンキーコング』の音が聞こえていた時期があったんですよ。もう、毎晩毎晩、ずっと聞こえてくるんです。見かねて「社長、なんでずっと『ドンキーコング』をやってるんですか？」と聞いたら――「生前の横井軍平《よこいぐんぺい》※さんが〝北米版の『ドンキーコング』は完璧《かんぺき》に作れたんだ〟と言ったのを、確かめてるんだ」と答えたんですよ。

※横井軍平　任天堂で『ゲーム&ウオッチ』、『ゲームボーイ』、『バーチャルボーイ』などの開発に関わったゲームクリエイター。『ドンキーコング』は、横井が当時ソフト制作の実績がなかった宮本《みやもと》茂《しげる》を抜擢《ばってき》したことで、開発された作品。

田尻　ああ、あったね（笑）。そうそう、ゲームセンターの『ドンキーコング』ですよね。

――日本版とは違う内容だったんですか？

田尻　海外の『ドンキーコング』は、日本でいうところの1面の次に4面が来る構成なんです。しかも、普通だったら四つ面作ったら、それをただループするだけでしょう。ところが、横井さんは最初の周では1面と4面、2周目は1面、3面、4面、3周目は1面、2面、3面、4面、というふうに、小さいところから回るたびに大きくなっていく不思議な構成で作っていたんです。

ゲームというのは、全く同じアイディアで作られていても、組み合わせ方が変わると全体の印象まで変わってしまうんです。『ドンキーコング』の場合も、やはり日本で遊ぶものと、海外向けのそのバージョンでは印象が違う気がしたので、横井さんが何をお考えになったのかを徹底的に遊んで確かめてみたんです。

――なるほど……。田尻さんって、横井さんとはどういう交流があったのですか？

田尻　横井軍平さんは、僕の父親のような人でした。あの人は、ゲームフリークが任天堂でゲーム作るときの窓口だった方なんですよ。

遠藤　そうか、だから君たちは『ポケモン』をゲームボーイで作ったのか。

田尻　ええ、完成までに5年くらいかかってしまいましたけどね（笑）。その間、横井さんからは「じゃあ、他の仕事もしなよ」という感じで、『ヨッシーのたまご』などのゲームを作る環境をいただきました。

遠藤　まあ、本当に『ポケモン』はゲームボーイがまだ生きてて良かったな、というゲームだったもんな。

田尻　実際、出来上がる前は「ゲームボーイでゲームを作るなんて、なんて時代遅れなんだ」とか言われたものですよ（笑）。

――結果的には、息が長いハードになりましたよね。

遠藤　そりゃ、死に絶える寸前に『ポケモン』が出たからだよ。しかも、あのゲームはメディアの力じゃなくて、子供たちの口コミでじわじわと広がっていったんだよ。その熱気から生み出された流れが、ポケットやライトやカラーなどの機種を生み出して、ついには携帯ゲーム機の市場を作ってしまったんです。

株式会社ゲームフリーク・田尻智氏

「難易度上昇は、ゲームにとって本質的ではない」

――いま横井軍平さんのお話が出ましたが、お二人から見て気になるゲームクリエイターの方はいらっしゃいますか？

田尻　堀井雄二さんは凄いですよね。

これは、あまり確かめようがないのですが……僕は『ドラゴンクエスト』が凄いのは、データ構造だったと思っているんですよ。例えば、スライムとホイミスライムでは、画面いっぱいに表示できる数が違うでしょう。そういうのは作成したデータを画面に生成するアルゴリズムに何かコツがあるはずなんです。

『ドラクエ』は、そこが大変に上手でしたね。あの、常に画面にちょうど良い具合に複数のモンスターが出てくるのは、実は彼らの発明だと思うんです。ゲームデザインとしても新しいし、それがデータ構造みたいな話と密接に絡んでいるのも素晴らしい。でも、ああいう凄さというのは見過ごされがちですね。誰も指摘しなければ、そのまま忘れ去られてしまいそうな気がします。

遠藤　まあ、そもそも『ドラクエ』は毎回、信じがたいようなチャレンジをしてくるんですよ。「『ドラクエ』だから」という前提を離れても、単体の作品としても凄まじい挑戦が詰まっている。しかも、それを毎回成功させているというのは、凄いことですよ。

直近のナンバリングタイトル（編注：ドラゴンクエストXのこと）は、藤澤《ふじさわ》くん※という堀井さんの下にいた若手が作っていたのですが、彼にもディレクターとして能力があったんだろうね。

※藤澤仁《じん》　元スクウェア・エニックスのゲームプランナー。『ドラゴンクエストVII エデンの戦士たち』、『ドラゴンクエストVIII 空と海と大地と呪われし姫君』にシナリオスタッフとして関わり、『ドラゴンクエストIX 星空の守り人』や『ドラゴンクエストX 目覚めし五つの種族 オンライン』のVer.1ではディレクターを務める。『ドラクエ』に関わったキッカケは、堀井雄二のシナリオ制作ア

シスタントを務めたことから。

――藤澤さんは、最近お会いしたクリエイターの中でも、とても強く芯《しん》があって印象的な方でした。

遠藤　ええ、彼は日本のゲームデザインの何たるかを理解してますね。あの年代では、トップなんじゃないですか。

若い世代では、『パズドラ』の山本大介《やまもとだいすけ》※くんなんかも、ああいうふうにヒット作をモノにしたところは素晴らしいですね。とはいえ、もう最近は誰がゲームを作ったのかがわかりにくい時代になったので、なんとも言いがたいですね。

※山本大介　ハドソンで『エレメンタルモンスターTD』などを手がけた後、ガンホーに入社。『パズル&ドラゴンズ』の開発を行い、ディレクターを務める。

――例えば、『Demon's Souls（デモンズソウル）』の宮崎英高《みやざきひでたか》さん※などは、やはりキラリと光る才能がある方だと思いますが……。

※宮崎英高　フロム・ソフトウェア取締役社長。ゲーム開発未経験で、29歳のときに外資系ITコンサルタントから転職してきた異色の経歴のゲームクリエイター。アーマード・コアシリーズのプランナー、ディレクターを務めた後、『Demon's Souls』や『DARK SOULS』のディレクターを

務める。

遠藤　『Demon's Souls』は、レベルデザインの難度調整が良くも悪くも旧態依然としているのだけど、ターゲットを高難易度のゲーム好きなコアな層に絞り込んだのは、非常に綺《き》麗《れい》だと思います。ただ、やはりまだメジャーな作品とは言えないでしょう。彼にはもう一皮剝《む》けてもらえると、もっと大きなヒット作を作れるはずだ……という感じですね。

ただ、最近、個人的に思っていることを言うと、別に難度を上昇させていくことは、ゲームにとって、特に本質的ではないと思うんです。

――それは、レベルデザインが不要ということですか？

遠藤　ええ。だって、それがどうしても必要な理由で、納得のゆく話を聞いたことがありますか？

例えば、『数独』というペンシルパズルを遊んでいる人たちは、大抵は同じレベルの問題を遊び続けてますよね。でも、彼らが飽きているかと言えば、NOです。彼らがなぜ難しい問題に挑戦しないのかと言えば、単純に楽しくないからですよ。そういうのを面白がるのは、実はごく一部のユーザーだけなんじゃないかと思いますね。

――実は先日、ニコニコ自作ゲームフェスで大賞を獲《と》ったtachiという20代前半（取材当時）

のクリエイターに取材したとき、彼がずっと「レベルデザインはゲームにとって、本当に必要なのだろうか」という話をしていたんですよ。ただ、さすがにそれはゲームの「常識」から外れすぎているような気もして……。

遠藤　いや、その子は正解だと思いますよ。僕は現在、この仮説の検証を自分の研究テーマにしていて、来年（２０１６年）の3月には結論と具体的なゲームデザインの提示による実証を行いたいと考えています。

僕の仮説では、これは「歴史的な問題」なんですよ。

――歴史的な問題？

遠藤　つまり、アーケード業界がそういうふうに難度を上昇させる手法を取ったことが、ゲームにこの「常識」を生み出してしまったように思いますね。

でもね、アーケード屋にとっては、同じ難易度のままでは上手いプレイヤーに筐体《きょうたい》を占拠されてしまって困る、というだけの話なんですよ。商売という観点では、お客さんには早く死んでもらって、何度も挑戦してもらったほうが儲《もう》かるんです。もちろん、そこで高い難易度のゲームをクリアするのを喜ぶ特殊なプレイヤーが登場してしまい、そういう人が作り手に回ったのも事実です。でも、そういう記憶を原体験にした人たちが、レベルデザインを「常識」にしているのなら、それは疑うべきだろう、と。

――なるほど。

遠藤　実際のところ、スマホで「Free to play」の手法が台頭したことで、これは現実的な課題になっていると思いますよ。だって、ああいうゲームのユーザーって、難度が高かったらもうすぐにやめてしまうでしょう。今やレベルデザインこそが、課金を阻害してるんですよ。僕の考えでは、ソーシャルゲームはもっと儲かるはずなのに、この発想から抜け出せないせいで、本来の儲けを手放してますね。

――MMORPGが月額課金からアイテム課金に流れていった経緯などを見ると、ビジネスモデルはゲームデザインと表裏一体の関係にあるわけで、納得感はありますよね。

遠藤　そういう意味では、アーケードの文脈とは離れたところにある、面白いゲームデザインを考えなければならない時代についに突入したのだと思いますね。

MMORPGにしても、難度の上昇についていけないプレイヤーが、仕方なく「おしゃべりの場」として使ってしまって、「あんなのはゲームじゃなくて、チャットツールだろ」なんて言われているわけでしょう。この、「難度の上昇をいかに抑えこむか」という課題は、今まさに問われているように思いますね。

日本のクリエイターは「コンセプト」ありき

――それにしても、遠藤さんは現在、研究者としても活動されているんですね。

遠藤　日本のゲームデザインというものを、早く言葉にしなければいけない……と思ってるんですね。

よく最近の若造が、「日本のゲームは遅れている」とか言うでしょう。彼らには申し訳ないけど、僕は「絶対に違うよ」と思ってますね。僕の本心を言えば、日本のゲームデザインは、海外に比較して30年は進んでいると思ってます。むしろ、世界のほうが追いついてないんですよ。でも、こんなことを今の僕が言っても、説得力なんてないですからねえ。

――遠藤雅伸が言ってもですか？

遠藤　ええ。結局、こういう話を明文化して説得するには、僕のように実績を出してきた人間が、さらにPh.Dの学位を取るくらいのことが必要なんですよ。僕は、その最初の人間になってやろうと思ってます。これは、飯野賢治《いいのけんじ》※が死んだときに、決めたことなんです――俺は残りの人生をその証明のために捧《ささ》げるんだ、って。

※飯野賢治　日本のゲームクリエイター。自身が設立したワープ社から1995年に発売した『Dの食卓』が全世界で100万本セールスを記録。音だけでプレイするゲーム『リアルサウンド～風のリグレット～』の発表や個性的な言動が話題を呼んだ。2013年2月20日に死去。

――飯野さんが死んだとき……ですか？

遠藤　イノケンは心筋梗塞《こうそく》で亡くなったんだけど、あのときに他人事《ひとごと》じゃないな、と思ったんです。やっぱり、「生きてるうちに、お世話になった日本のゲームのために自分ができることは何か？」と考えてしまったんですね。そのときに、結論として日本のゲームデザイン手法をメソッドとして残そうと思いました。そして、それを研究者として海外に浸透させるには学位も必要なんだ、という結論に達したんです。

――それにしても、日本と海外ではゲームの文化が違ってくるものなのですか？

田尻　文化の違いで、遊べるゲームが変わってしまう問題については、よく考えるんです。例えば、『星のカービィ』は体がピンク色なので、海外だとエッチな感じがするらしいんですね（笑）。それで、海外版は「体を白くしたほうがいいんじゃないか」と議論になったらしいんです。でも、これは大事なことなのですが、ここで踏ん張ったからこそ、『カービィ』は海外でもピンク色のままで発売されたんです。やはり、ゲームの歴史的な継続性という意味では、そのほうがいいと思うんです。もし白くしていたら、日本と海外で歴史が変わっちゃいますよね。

遠藤　映画の編集なんかでも、よくある話ですよね。

ゲームデザインについて言えば、日本のゲームが「コンセプトドリブン」であるのに対して、海外のゲームは「テクノロジードリブン」であるというのは、よく言われる話ですね。要は、技術が先にあって、それをどう使おうかという発想で考えるんです。

例えば、欧米では「ノンリニア破壊」の技術が生まれて、そこからＦＰＳで撃った弾や打ち上げた爆弾だとかでリアルな描写が生まれていきました。それに対して、日本のゲームには基本的に、この技術は使われていません。使われている少ない事例の一つが、『メタルギア ライジング リベンジェンス』ですね。あのゲームでは、バッと斬ったときに一刀両断されて、切断面がザックリと二つに割れるでしょう。あの切り口を作るのに使われてるんです。

これこそが、日本人のゲームなんです。

先に「一刀両断」というコンセプトがある。だから、粉々に飛び散らせるのではなくて、綺麗に真っ二つに切れるようにしたい。そのコンセプトの実現のためにこそ、我々はピンポイントで技術を使っていくんです。

――田尻さんが書かれた『新ゲームデザイン』に、「新しいゲームを作ることは、動詞を作ることだ」というお話があったじゃないですか。例えば、『クインティ』は「めくる」という動詞で作られていますね。あれも、まさにコンセプト主導ですよね。

遠藤 「動詞を作る」ゲームデザインというのは、今風に言うと「ダイナミクス」主導なんですよ。要は、操作をしてみて、動かす過程が面白いからこそ、面白いゲームになりうるという発想で作るんですね。ゲームフリークだったら『スクリューブレイカー 轟振どりるれろ』なんて良い例でしょう。まさにルールよりも先に操作の面白さからゲームにしているじゃないですか。とても感覚的なものを大事にしているわけです。これが海外だったら、「この技術を使おう」と決めて、それをいかにゲームに落とし込んでいくかを考えるという順序なんですよ。

僕の関わったゲームでは、『動物番長』※が、そこを意識しましたね。「バクっと食う」というあの感覚の凄まじさを味わいたくて、ゲームにしてみたんですよ。あれなんて、ルールなんてあってないようなものじゃないですか。一番面白いのは、ガブっと噛《か》んで、ガシャガシャやって、肉を食いちぎる感覚の気持ちよさなんです。でも、これってアナログゲームには難しいことで、まさにデジタルゲームならではの楽しさだと思うんですよね。

※動物番長　ゲームキューブから発売された作品。他の動物を捕食することで「ヘンタイ」を繰り返して、どんどん変身していき、最後に「動物番長」を倒すゲーム。

――とても面白い話なのですが、逆に日本のゲームは、どうしてそうなっていくのでしょうか。

遠藤　そこを、今まさに認知科学なんかの文献を引っ張ってきて、勉強しているんですよ。

ただ、アルファベットと日本語の違いはある気がしますね。やはりアルファベットは、単語に使われている文字を、順番も含めてかなり正確に認識しないと難しいんですよ。それに対して、漢字というのは、ちらりと見ただけだったり、一部を隠してたりしていても、その内容がわかってしまうでしょう。もちろん、これは単なる仮説の域を出ないのですが、やはり日本人の見立ての上手さと関連がありそうだとは思ってます。

やはり、物事をシンボル化していく能力が日本人は強いのに対して、アルファベット文化の人たちは、どうもズバリそのものを見せて欲しがる傾向がありますよね。だから、別に日本人って、そんなにFPSをありがたがらないじゃないですか。

実際、僕は殺し合いなんて、やりたくないですもん。『ゼビウス』の元になったゲームも、ベトナム戦争を舞台にした『シャイアン』というゲームだったのですが、それを変えた理由は、やっぱり殺し合いだったからなんです。

――そういう反社会性の強いテーマは面白くない、ということですか？

遠藤　いや、反社会性の強いテーマは、むしろ面白いに決まってるんです。うーん……だから、その辺は、倫理観の問題でもあったんですよね。

やっぱり、ゲームは子供がやるものなんですよ。だから、日本のゲーム業界は、犯罪行為を明らかに推奨するようなゲームは作らない文化を保ってきたんです。それを、僕は日本のゲーム文化の素晴らしいところだと思ってます。『ポケモン』だって、モンスターを倒しても、「殺した」とは言わなくて、「きぜつさせた」でしょう。

田尻　ええ、そこは考えたところですね。やっぱり、エンターテインメントなんだから、ゲームはリアルにすればいいもんじゃない、と思っています。やはり、「死んだ」という言い方にはしたくなくて、僕なりに考えたんですね。

遠藤　まあ、そういう文化をIT屋さんたちのゲームは壊してしまったんだけどね。盗みを推奨して、それにアイテム課金をさせるゲームがあったじゃないですか……。

でも、僕はこういう話まで含めて、日本人のゲーム文化だと思ってるんですよ。FPSでいかついオッサンでプレイするのもいいけど、やっぱり格好いい兄ちゃんや姉ちゃんが

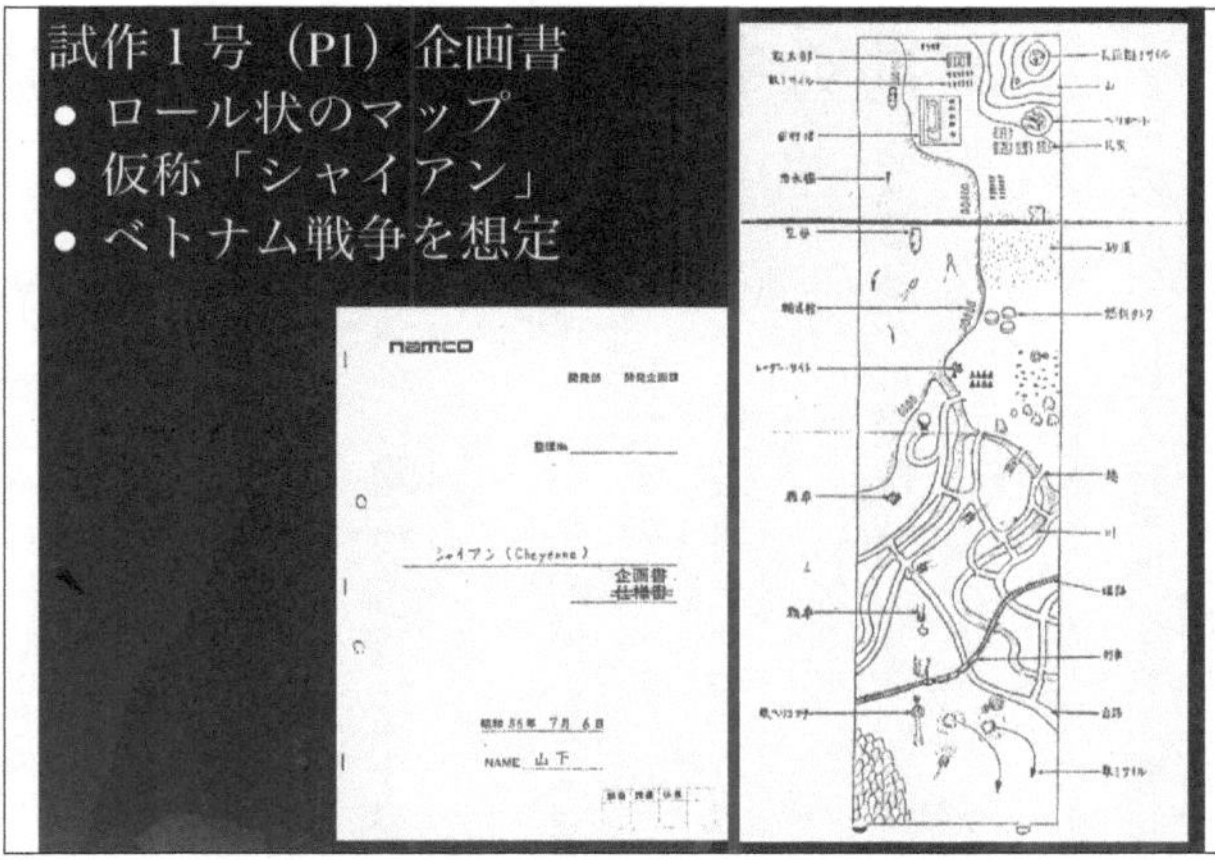
試作1号（P1）企画書
● ロール状のマップ
● 仮称「シャイアン」
● ベトナム戦争を想定
namco
シャイアン（Cheyenne）
企画書
NAME 山下

活躍する姿を見たいというのが、日本人が大事にしてきたゲーム文化でもあって、それでいいじゃないですか。『ポケモン』のロケット団だって、やっぱり格好いいしね。

——そこまで含めて、遠藤さんとしては、日本の遊びのほうが先を行っている、というわけですね。

遠藤　きっと、テクノロジードリブンの人たちは「いやいや、日本こそ30年遅れてるでしょ」と言うんでしょうね。でも、そんな技術なんて不要なところでゲームデザインが作られているし、別に必要なところでは使ってるわけでしょ。こういう話を、ちゃんと名前にPh.Dがついたら、主張していきたいんです。

――このシリーズでは、まさにそういう日本のゲームクリエイターならではの知見みたいなものを、色んな方に語っていただければ……と思っているんですね。

遠藤　まあ、僕はめぼしいところは、直に聞いちゃってるんだけどね。この辺をオーラルヒストリーとして調査していくのも、僕の研究テーマの一つです。でもまあ、先に天国に行きそうなやつから聞いてったほうがいいよ（笑）。

一同　（苦笑）

遠藤　いやいや、これは冗談抜きでそうだから。

田尻　例えば、誰ですか？

遠藤　やっぱり、堀井雄二さんや宮本茂さんは、まだまだ元気なうちに聞いたほうがいいよね。

田尻　なるほど。僕らは、そういう方々から直に学べたんですよ。

例えば、『ポケモン』って最初はバリエーションを七つにしようと考えていたのですが、それを赤と緑の2色に絞ったんですね。こういう決断というのは冒険で、それが商品やゲームそのものの見え方までを変えてしまうんです。

宮本さんは、こういう具体的な話に対して、答えを探せるような会話ができる方なんですね。もう最近はそういう話をする機会がないのですが、それでも相談しに行くと、根本的なアドバイスをくださいます。本当にプロなんだと思いますね。なにか絶対に間違いのない考え方のようなものを持って、日々作ってらっしゃるようにさえ思うんですよ。

――日本のゲームデザイナーには、海外のアカデミックな文脈で語られるゲームデザインでは説明がつかない、ある種の秘伝のタレみたいなものがありますよね。

遠藤　ええ、僕はそれを工学的に解析して、明らかにしようと思ってます。そして、それをどうすれば実践できるようになるかを、メソッドとして残したいんですよ。これが手法として確立すると、若いクリエイターの子たちの、欧米のテクノロジー主導で作られたゲームデザインへのコンプレックスが取り除ける気がしてるんですよ。

だから、別に海外のアカデミズムがやってることを、日本でもちゃんとやればいいだけなんです。そうすれば、全然違うものができるはずなんですから。

今明かされるゼビウス星の真相……！

――そろそろ時間なのですが、やはり田尻さんと遠藤さんがお会いしたとなると、最後に「ゼビ

ウス星」の真相についても聞かなければいけないかな……と。

田尻　そうそう。僕が噂を流したと広まったんですよね（笑）。確か、ゲームライターとしてアスキーのログイン編集部に毎日通っていた頃、編集部に遊びに来た地方のゲームマニアの人が「ゼビウス星を見た！」という話をしたんですよ。それを僕がうる星あんずくんとかに話したら、「もしかしたらそういうことが起こるかもしれない」とか言い出したんですよ（笑）。

遠藤　完全に都市伝説だよね（笑）。

田尻　で、確か「ぴあ」のフェスティバルで、遠藤さんがゲスト出演されたときに、うる星あんずくんが手を挙げて、「ゼビウス星の噂は本当なんでしょうか？」と質問したんですす。そのやり取りが「ログイン」の記事になっちゃって、一気に広まってしまったんですね。しかも、『ゼビウス』に夢中の青少年が質問したら、何かこう、遠藤さんが「なるようになる」みたいな禅問答のようなことをお答えになった……みたいな感じで広まって。

一同　（笑）

遠藤　いや、『ゼビウス』って、マルチCPUでデータをやり繰りしていたから、何が起きるかわからなかったんですよ。だから、再現性のない現象が起きても、厳密に否定はできないんです。

例えば、実際に確認された例では、森の中にキャラクターが出てきてしまうバグですね。『ゼビウス』は、CPUの側である地点まで来たら敵を出す情報が送られますが、この瞬間にやられると、その敵を画面に表示するようにメモリに書きこまれていたんです。

ただ、問題はステージの70％まで進んで死んだときには、次の面に進むフラグを立てていたことなんです。そのせいで、敵を出す情報と、次の面が開始するタイミングがピッタリ合ってしまうと、地上にキャラが出てしまうバグが発生したんです。まあ、たった1フレームのタイムラグなんですが、そのタイミングで死なれると、確かにそういう現象は起きるんです。

こういう処理に思いいたらなかったのは、単純に僕のプログラマとしての能力が低かったのでしょう。でも、そんなことが話題になるなんて、そもそも開発当時は考えもしなかったですからね（笑）。

田尻　十字型のボザログラムを撃つと起こりやすいらしいぜ、とか言いながら、もう何回もプレイしたものですよ。

遠藤　まあ、この辺が理系の悪いところなんですよ。文系の人はそういうときに、「いや、起きません」と、サラッと答えるんでしょうけど、僕はつい「いや、ないとは言い切れません」と答えてしまう。すると、世間の文系の人たちは「おい、あるらしいぜ！」と判断するわけです。なんか「ゼビウス星」みたいな伝説の背景には、そういう文系・理系問題があったような気がしますね（苦笑）。

田尻　当時はファントムが100万分の1の確率で出るという話もあって、うる星あんずくんがゼビウス星についてあり得るかもしれないと言ったのは、そういう噂を知っていたのもあるんです。

遠藤　『ゼビウス』には、確かに元のベトナム戦争を扱ったゲームのキャラクターデータが入っていて、そのキャラクターロムは残していたんです。しかも、ファントムの噂の出処《でどころ》になっている連中は、そんな裏事情は知らないはずなんですよ。

そうなると、もう若造の遠藤さんは「あり得ないことではないですね」と答えてしまうし、君らは「やっぱりあったよ！」と言うわけです（笑）。

田尻　そういうやり取りで、当時のゲーム少年の間で噂がどんどん大きくなっていくわけです。

実際、ちょうど僕がようやく1000万点を達成できた頃に、そういう話が聞こえてきたから、心躍りましたよね。まだ『ゼビウス』は楽しませてくれるのか、と。

遠藤　まあそういう返答をしてたら、やればやるほど謎は深まるわな、という話ですね（笑）。今はもう大人なんで「はい。ただのバグですね」と言い切れるけど、若造だった僕は、プログラマとしてのプライドから、「バグです」と認められなかったのもあるんですよ。ま、今だったら、こっそりパッチを当てておしまいなんだけどね（笑）。

――確かに（笑）。

遠藤　でも、『パックランドでつかまえて』の田尻くんのあの文章は、なんだか美談になって書かれてるよね。俺、こんなカッコよくはないだろ（笑）。

――え、実際の話とは違うんですか？

遠藤　だって、握手なんてしてないもん（笑）。

田尻　うーん、当時は色々とあったんですよ（苦笑）。

遠藤　まあ、たぶんあの場にいないと、わからないだろうね。当時は、ゲームをプレイしているユーザーのコミュニティに、色んなやつがいたんですよ。例えば、自分のグループが一番影響力を持ってると誇示したいやつが、周囲を仲違《なかたが》いさせるためにわざとヘンな噂を流したりするんです。

——さっきのゲーセン文化の話を聞いて、いまのネットみたいだなと思いましたが、本当にそんな感じだったんですね（笑）。

田尻　そのうちに、『ゼビウス』好きを仲違いさせてるのが僕だという感じの、妙な噂が広まってしまったんですよ。そして、遠藤さんも「とんでもないやつがいる」と雑誌で言いだしたりして、それを雑誌で見た僕は「これ、誰のことをいってるんだろう、俺のことかな？」みたいな（笑）。

一同　（笑）

田尻　あの『パックランドでつかまえて』は、当時の話を書き残さねばならないという気持ちで作ったんです。でも、こんな話は、やっぱりあの場にいたゲーム少年にはわかっても、他の人には想像を巡らすことすら難しい話なんです。あれは、そういうざこざを、こう、なんとかハッピーエンドになるように書いたんです。

遠藤　もうね、色々な人が、色々なところで、面白おかしく噂話を流してる時代だったんです。

田尻くんの文章は、かなり美談に仕立ててはいるけど、間違ってはいません。まあ、一次情報を残すのは大事なことですよ。でも、なんかこう、『ポケモン』みたいだよね。

色々あったけど、こう、最後は丸く収まる的なね（笑）。

――実際には、どういう会話をされたんですか？

遠藤　僕が関係者を集めて、色々と話を聞いたんです。そうしたら、別に誰が悪いという話でもなかったとわかったんです。じゃあ、「お前ら単にゲームが好きだっただけじゃん、みんなで頑張ろうぜ？」という話にして収めました。

――じゃあ、「一緒に飯でも食いに行って、話を聞かせてくれよ」みたいなノリですか？

遠藤　そうそう。まあ、本当に問題だったやつは結局、その場にはいなかったんだけどね。でも、そいつはバカだったけど、そのときに話を聞いた連中は本当に優秀でした。みんな、その後はゲーム開発会社の社長とかになってますからね。

田尻くんはゲームフリークを作ったし、『カスタムロボ』の株式会社ノイズを作ったやつもいたし、『ネクタリス』を開発したマトリックスの社長もいたし、あと講談社に行った池田《いけだ》ってやつもいたな。あの、『ＭＭＲ マガジンミステリー調査班』という漫画に、若手で池田という編集部員がいたじゃないですか。彼ですよ。

田尻　いました、いました。池田さんは、面白い人だったなあ。

――本当に、「な、なんだってー」という感じのメンツですね（笑）。そういうゲーマー小僧の間

で、遠藤さんはちょっとした兄貴分のような存在だったんですか？

遠藤　そうかもねえ。自分と彼らの間にいるくらいの、中間みたいな立場の人もいなかったからね。いま思えば、「トキワ荘」みたいだった気もします。だって、皆それぞれが好きなゲームを極めていって、ついには職業にしてしまったからね。

まあ、あの頃は本当に物語のような時代でしたね。色んなことがグルグル回っていた気がします。

『ポケモン』が『ゼビウス』から受け継いだもの

――でも、下の世代にとっては、そういう『ゼビウス』の伝説にあたるのが、実は『ポケモン』の思い出なんじゃないでしょうか。やっぱり、僕らも〝レベル１００技〟とかの噂話を、休み時間や放課後に友達と語り合ったんですよ。

田尻　あははは、あったよねえ（笑）。

杉森　やっぱり『ゼビウス』で学んだことというか、あれを体験した楽しさは影響していますよね。

僕は、遠藤さんが謎を曖昧《あいまい》にしてくれたことが重要だったと思うんです。

だから、『ポケモン』で色々な質問をされても、僕もあんまりハッキリと答えないようにしているんです。例えば、「ポケモンの数って、何匹いるんですか？」とよく質問されるのだけど、何匹か知らされたほうが本当に面白いかというと、やっぱり違うでしょう。曖昧にすることでより深く味わえるというのは、僕が『ゼビウス』体験で学んで大切にしていることです。

一之瀬　あと、『ポケモン』にも開発中に取り忘れたデータやコードが入っていて、意図的じゃないのに誘発された噂があるのも『ゼビウス』と似ていますよね（笑）。

だって、１５１番のミュウにしても、別に出すつもりはなくて、たまたま森本《もりもと》という社員が描いてたものが残ってただけなんですよ。それがフラグ一つで出せるのなら、「じゃあ世に出すか」という感じでミュウが子供たちにプレゼントされたわけですよ。

杉森　まあ、昨今だとプロジェクトが大きくなったので、さすがにそういうのは起こりづらいですけどね。

――でも、そういう話を自信を持って言えるのは、やっぱり凄いですよね。田尻さんたちは、子供たちが『ポケモン』でわいわい噂を流しているのを、どういう目で見ていたんですか。

一之瀬　このあいだ、社長が「最近、『赤』『緑』の新しいバグが見つかったらしいよ！」と、面白そうに報告してくれましたよね。僕は、いまでも新しいバグを見つけるためにプレイする人たちがいることを社長に教えられて、なんだか凄く嬉しかったですね。まあ、発売当時だったら、そんなことは言えなかったでしょうけど（苦笑）。

田尻　『ポケモン』の最初の頃の作品は、そういうバグがあったんですよね。でも、「金」「銀」のときも噂が出たし、いまでも毎回新作では、それを遊んだ人が情報を交換して、都市伝説に近いような噂が出てきますよね。

遠藤　いまはもうネットがあるからすぐに広まるし、パワーユーザーが勝手に理由を解説してくれるし、良い時代だよね。

――結局、〝レベル100技〟もネットの解説を見て、知りましたからね。

遠藤　そんなに解析ができるなら、お前はゲームを作ればいいじゃないか……とも思うんだけど、そういう人たちの仕事を聞くと、もっとこの国の根幹を支える仕事に就く技術屋だったりするんです。そういうエンジニアたちが、パワーユーザーとしてゲームに接してくれる裾野の広さは、もう日本ならではのことですよね。

――では、本当に最後のまとめということで、田尻さんと杉森さんからの〝ゲームデザイナー・

遠藤雅伸〟評をいただけると嬉しいです。

遠藤　（二人をじっと見据えて）……どう？

一同　（笑）

杉森　僕はそんなに遠藤さんのことを知らなかったのですが、今日お話をいっぱい伺って、あらためて凄い人なんだなと思いました。『ゼビウス』というゲームの先見性について、確認しましたね。

遠藤　まあ、若造の頃の遠藤さんとは、また違う遠藤さんになってますからね（笑）。

杉森　やはり、僕なんかは勘で作るところが多いのですが、遠藤さんは理論をもとに組み立てられている。

でも、やっぱり僕らとしても、同人誌上がりで人様のゲームにさんざんツッコミを入れてきた立場なんで、設定の細かい部分ですらも、「これはおかしいじゃないか」と笑われないようにしたい気持ちがあるんですよね。

田尻　だって、『クインティ』も3年くらいかかりましたからね。本当にちゃんとしたものを作るのは大変なんだというのは、今の僕なら当たり前のようにわかります。ゲームというのは、評価を言うのは簡単だけど、作るのは大変なんです（笑）。

そういう意味では、僕が遠藤さんを初めて知ったのは、高専に行き始めた頃だったんです。当時は、まだ単なるゲーム好きだったから、「制作者」にはなかなか想像力が及ばなかったんです。『ゼビウス』にしても、せいぜいナムコのゲームというくらいの認識でしたよね。

遠藤　でも当時から、僕との距離は実際に近かったじゃない。

田尻　はい。でも、その意味でいうと、遠藤さんに出会ったことで、「ゲームを作る」ということに対して、初めてリアリティが湧いたように思うんです。遠藤さんとの出会いがなければ、自分がゲームを作るという方向に向かえたかどうか。

実際、こうしてゲームを作る立場になると、遠藤さんのお話の一つ一つが興味深いと思えるし、ますます距離が近くなったような気がして、「僕も成長したもんだな」と思いました（笑）。こうして、今でも先輩として話させていただけるのは、貴重なことだと思いました。

――記事の打ち出しとしては、「『ゼビウス』がなければ、『ポケモン』は生まれなかった！」くらいの感じでいいのかなと思いました（笑）。

杉森　ざっくり言えば、そうなると思いますよ（笑）。『ゼビウス』がなければ、『クインティ』はなかったし、もちろん『ポケモン』もなかった。それは事実だと思いますよ。

田尻　そうだね。『ゼビウス』がなければ、『ポケモン』はなかった！

――というわけで、良いオチも付いたところで、今日は、本当にありがとうございました。

編集部より

『ゼビウス』にまつわる逸話を聞きながら、田尻氏や杉森氏ら、ゲームフリークの源流についても話が及んだ対談。本当に貴重な話のオンパレードで、ゲーム史の一幕を垣間見《かいまみ》られたように思うが、いかがだっただろうか。

取材を終えて感じたこと――それは、『ゼビウス』開発当時の、遠藤氏の先見性もさることながら、それよりも印象的なのは、その『ゼビウス』にハマリ、影響を受けた世代の「熱量」や「濃さ」であるかもしれない。

ゲームセンターという場で繰り広げられる数々の出会いと、またその中から、後のゲーム業界の担い手達が育っていく様子からは、黎明期《れいめいき》特有の混沌《こんとん》とした熱気と、溢《あふ》れんばかりの若いエネルギーが感じられる。

才気溢れる若者だった遠藤氏と、当時は、まだ一介のゲームキッズに過ぎなかった田尻氏と杉森氏だが、『ゼビウス』というゲーム、あるいはゲームセンターという場を経て受け継がれたものは、確実にその次の時代のゲームを生み出していったと感じさせる。

『ゼビウス』というゲームのコンテクスト（文脈）から、後のゲームフリーク、そして『ポケットモンスター』というゲームが生まれていったのだ。そうしたゲーム史の流れを明らかにできたのは、大変な収穫であった。

冒頭にも書いたが、本書は、ゲーム史に名を残した名作ゲームのクリエイターの方々に、制作時のエピソードを聞いていくシリーズである。

映画監督であれば、黒澤明《くろさわあきら》やヒッチコック。あるいはアニメーション監督であれば、宮崎駿《みやざきはやお》や富野由悠季――こうした分野で業績を残した人々の自作への発言というのは、本屋やネットを探してみると、色々な場所で見つかるものである。

それに対して、ゲームクリエイターが自分のゲームについて語った言葉というのは、とても少ない。しかし、コンピュータゲームが産業になってから数十年が経ち、既に黎明期のクリエイターには鬼籍に入る人も出てきた中で、ゲームについて当事者が語った言葉が記録されていくことは、やはり必要なのではないかと思う次第である。

……とまあ、そんな大上段に構えた思いがありながらも、子供の頃から夢中になって遊んできたゲームが、どんな工夫で作られてきたのかを単純に知ってみたいのは、やはり私たちゲーム好き共通の思いではないだろうか。そういう今だから語れる、名作ゲームの裏に秘められた様々な想いや開発時の工夫を、クリエイターの方々に語っていただきたいと思う。

第2章　国民的ゲーム『桃太郎電鉄』

第2章は、人気シリーズ『桃太郎電鉄』を長期にわたって手がけてきた、さくまあきら氏の『桃鉄』誕生秘話である。

『桃鉄』といえば、放課後に友達の家に集まって遊んだり、あるいは大学時代にサークルの部室で遊んだり、という記憶が誰しもあるような、〝国民的ゲーム〟の一つ。しかし、そのゲームデザインについて真剣に語られることは、あまりにも少ない。

一方で、制作者のさくまあきら氏は、『ドラゴンクエスト』の堀井雄二氏や『俺の屍を越えてゆけ』の桝田《ますだ》省治《しょうじ》氏などの、第一級のゲームデザイナーたちと交流を持ち、互いに影響を与えあってきた人物でもある。実際、このインタビューの後半でも明かされるように、キングボンビーなどの一見してムチャクチャな要素の背景には、さくま氏のエンターテインメント観にもとづく、深い洞察が秘められている。

本章では、初期の『桃鉄』開発に関わり、自身でも「〝自称〟さくま氏の弟子筋」であるという桝田省治氏を聞き手役として招聘《しょうへい》し、当時の制作風景をふり返ってもらった。

また、その内容は、ゲーム史における貴重な証言にもなっている。というのも、日本のゲーム文化の成立には、実は出版社からの人材や知見の流入があったという見方ができるからだ。さくま氏は、『ドラクエ』の堀井雄二氏と並んで、そういう出版社文脈からゲームの世界に飛び込んでいった代表的な人物といえる。そんな氏が語る、黄金期のジャンプ編集部や広告代理店カルチャーが『桃鉄』に与えた影響についての逸話からは、黎明《れいめい》期のゲーム業界の混沌《こんとん》としたエネルギーが垣間《かいま》見《み》える。

さくまあきら

1952年7月29日生まれ。東京都杉並区出身のゲームデザイナー。立教大学経済学部卒。

大学在籍中に所属していた漫画研究会での活動を通し、堀井雄二氏、えびなみつる氏らと親交を深める。25歳の頃に小池一夫劇画村塾に入塾、31歳からは「週刊少年ジャンプ」の読者ページ「ジャンプ放送局」の構成などを担当する。堀井氏に誘われ、ゲーム制作を開始。代表作に『桃太郎伝説』シリーズ、『桃太郎電鉄』シリーズがある。

桝田 省治（ますだ しょうじ）

1960年生まれのゲームデザイナー・作家。武蔵野美術大学基礎デザイン学科卒業後、広告代理店I&Sに入社。

I&S在職中に『桃伝』や『桃鉄』の広告を担当。退社後は『天外魔境II 卍丸』『リンダキューブアゲイン』『俺の屍を越えてゆけ』等の人気タイトルを発表する。『まおゆう魔王勇者』『ログ・ホライズン』では小説、漫画、アニメなどの総監修を務めている。

聞き手／稲葉ほたて、TAITAI
文／稲葉ほたて
カメラマン／佐々木秀二

桝田　久しぶりですね。さくまさんのツイッターを見ていると、最近は熱海《あたみ》が多いようだけれども。

さくま　ほとんど東京にいて、月イチで熱海にいますね。ちょっと病気をしてから、旅行に行く頻度が減ってきているんだよね。ただ、今度の月末にチケットが取れちゃったので、北陸新幹線に乗ってきます。実は、去年（２０１５年）まだテスト走行だったときに、長野から乗ってるんですよ。新しい新幹線が通ると、すぐ乗りに行ってしまう。

――やはり、旅行そのものがお好きなんですか？

さくま　まあ、結局は自分の家が一番好きなんですけどね（笑）。実は、ホテルではあまり寝られないんです。よくこれで旅行好きだなと、自分でも思うのですが。

「さくまさんが全てに目を通している」

――今日はさくまあきらさんからのご指名で、桝田省治さんに来ていただいたんです。というのも、さくまさんにメールで依頼したところ、「『桃太郎電鉄』のアルゴリズムを作ったのは桝田く

んです」とおっしゃって、同席をお願いされたんです。実は、不勉強ながら、桝田さんがそんなに『桃鉄』に関わられていたとは知らなくて……一応、Wikipediaを見ると、クレジットは「シナリオ補佐」なんですよね。

一同　（笑）

桝田　このゲーム、シナリオなんてねえじゃん（笑）。

桝田　僕は、最初のファミコン版のときは、敵の社長さんの思考ルーチンを書いたんですよ。なぜなら、誰も考えてなかったから（笑）。といっても、用意したルーチンは1種類だけだったかな。各社長の違いはどこかのパラメーターをいじってるだけだね。ただ、『桃鉄』って、さくまさんが全てに目を通して作られているんですよ。意外でしょう（笑）。細かい確率も自分でいじるし、メッセージも細部までこだわって作っていますからね。カードの名前だって自分で決めてるし、イラストや音楽の発注も細かく指定付きで渡すでしょう。

さくま　「ここで、こういう曲にしてくれ」という指定は全て入れてますね。ジャンプ放送局※をやっていたので、文字から絵まで幅広く感覚がついてるというのはあると思います。

※ジャンプ放送局　集英社の少年向け漫画雑誌「週刊少年ジャンプ」巻末で連載された読者投稿コ

“自称”さくま氏の弟子筋・桝田省治氏

ーナー。投稿者は「投稿戦士」と呼ばれ、年間を通して採用された葉書についた点数を競いあった。投稿戦士の中からは、放送作家の北本《きたもと》かつら（当時のペンネームは「竜王は生きていた」）など、後にメディア業界で活躍する人間も登場した。

――まさに、今日はそういうゲームクリエイターとしての、さくまあきらさんについてお伺いしたいんです。というのも、桝田省治さんや堀井雄二さん※たちのような一流のゲームデザイナーから、さくまさんのお名前が〝尊敬するゲームデザイナー〟として挙がるんですね。その割に、さくまあきらと『桃太郎電鉄』を、真剣にゲームデザインの問題として検討しているのを見かけないんです。ネットのレビューでも、あ

まり見かけないですね。キングボンビーの思い出みたいなのは、よく語られますけれども（笑）。

※堀井雄二　アーマープロジェクト代表取締役。『ドラゴンクエスト』シリーズ生みの親であり、『ポートピア連続殺人事件』や『いただきストリート』など、手がけたゲームは多数。さくまあきら氏とは、大学生時代からの友人で、一緒に出版社を立ち上げている。

桝田　まあ、僕が関わったのは本当に初期でしかないんだけど、『桃鉄』って、とんでもないゲームだと思いますよ。だってさ、力量もバラバラの4人の人間だとかを数時間プレイさせて、キッチリとレベルデザインが成立するように作ってきたわけでしょう。ハッキリ言うけど、到底、僕には作れない。というか、さくまさんの他に誰が作れるんだと思うよね。その調整作業ときたら、想像するだに気が遠くなるものがありますよ。

――しかも、『桃鉄』の場合は「持ち金2倍マン」だとか「スリの銀次」だとかの、ある種、理不尽なランダムイベントもたくさん起きますよね。その辺はどう調整しているんだろうか、と不思議なんですよ。

さくま　『桃鉄』を毎年出していた時期は、12月のクリスマス商戦に出すために、5月の段階でテストプレイができるようにしていましたね。そのあとは、必死になってギリギリまでテストプレイです。もう、ひたすら徹底的に調整、調整、調整ですよ。やはり、人間というのは怖ろしいもので、そのままゴロンと出してしまうと必勝法を見つける人間が登場するんです。

……ただ、その作業というのは、もはやバランスの問題だから理屈でどうこうとは言いにくいですね。一応、ボンビーというキャラクターを出すことになったら、一緒に借金を帳消しにできる「徳政令カード」も作る……みたいな感じで、ゲームを不安定化させる要素とそのバランスをとる要素を同時に入れていくんです。しかも、銀次は駅では出ないようにしたりなど、細々とした設定も作る必要があるわけです。その上で、サイコロを振ったときのイベント出現の確率を計算していくわけですが、そこはもう細かくテストプレイで決めていきますね。

――そのテストプレイには、さくまさんが立ち会うわけですか。

さくま　ええ、ノートを持って後ろにいますね。そうして、反応をメモしていくんですよ。ゲームに反応そのものを反映させることもあります。例えば、ボンビーが勝手にカードを購入してきたときに、「そんなことしなくていいのに！」なんていうツッコミをあえて書いたりするんですが、それはその場の人の反応を取り込んだものです。

ちなみに、テストプレイについては、色々と試したものですよ。そうそう、血液型別でプレイさせてみたこともありましたね（笑）。

——へぇー。ネットで血液型の話をすると怒る人も多いのですが……ちょっと気になるので聞いてもいいですか（笑）？

さくま　これが、面白いことにハッキリと出たんですよ（笑）。まず不思議なことに、なぜかO型の人間たちはすぐにヘリコプターを使いたがるんです。どういうわけか、彼らは自分がその目的地の近くに行けると思う傾向が強いのですよ（笑）。B型になると、今度はやたらカードを相手に使うんです。しかも、「ねえ、このカード使ってイイ？」なんて言いながらね。だから、もうB型同士でプレイすると、会話が弾みながらどんどんカードが使われていきますね。一番つまらないのは、A型同士の対戦ですね。もう、みんな堅実に淡々と地味なプレイをするんですよ。

——なるほど。

さくま　ちなみに、僕はA型です。そして、とても地味な性格なんですね（笑）。でも、だからこそ自分のゲームを作るときには、あえて明るい作品になるように気をつけてきました。「ジャンプ」では流行《はや》る漫画の原則に、「派手に・元気に・明るく」というのがあって、やっぱりエンターテインメントでは派手であるのは大事なことなんです。

『桃太郎電鉄』シリーズを手がけてきたさくまあきら氏

桝田　さくまさんが凄《すご》いのは、自分の感覚を信用していないところなんですよ。めちゃくちゃに頭がいいから、自分に普通の人の感覚がわかるとは思っていない。だから、自分の代わりに、周囲に普通の人を置くんです。さくまさんの周囲には、スーパーデバッガーのチームがいたんですよ。それは、見事に日本人の平均値の感性をもった連中なんだよね。

――スーパーハッカーならぬ、「普通の人」で構成されたスーパーデバッガー（笑）。

桝田　ジャンプ放送局に〝どんちゃん〟※というプレイヤーがいたんだよ。彼が、もうとんでもない男なんですよ。

※どんちゃん　ジャンプ放送局9代目優勝者の投稿戦士。その後、ここでも書かれているよう

にジャンプ放送局のアシスタントに採用されて、井沢《いざわ》ひろし（井沢どんすけ）として、後継となる読者コーナー「ジャンプ団」、「じゃんぷる」、「ジャンプ魂」の構成を担当した。現在は漫画原作者・編集者として活躍。

さくま　ええ、何についても彼は日本人の平均値なんです。彼が面白いと言ったテレビ番組は視聴率が伸びて、「つまらない」と言い出したら視聴率が落ちてきて、打ち切られてしまう。

桝田　どんちゃんで忘れられないのは、キングボンビーが出そうになったら、本当に手が震えていたことなんだよね。こんな素直な反応をする人間がいるなんて、って（笑）。それに、どんちゃんはあの頃、「ジャンプ」の人気アンケートの結果を当てていたでしょ。

さくま　むしろ、編集部がアンケート結果を信じていいか、彼に聞きに行きましたから。だから、ウチはアンケート要らず（笑）。

まあ、そういう子を他にも投稿戦士たちから何人か見つけられたので、彼らの反応を徹底的に見ましたね。別に、その子たちがカワイかったからじゃないですよ。単純にその子たちが日本人の〝スーパー平均値〟だったわけです。大事なのは買ってくれる人なわけだから、彼らがキャーキャー言ってくれれば、お客さんもそう言ってくれたも同然でした。

逆に彼らが理解できなかったり、面白そうにしていなかったというので、削除したイベントもたくさんあるんですよ。

桝田　さくまさんや堀井雄二さんが他の連中と違うのは、「マス・メディア」というものを肌で理解していることなんですよ。なにせ、あの当時の600万部近く売れていた「週刊少年ジャンプ」という戦場を肌で体験していたんだからね。

「プレイヤーごとに目的地が違ったんですよ」

――『桃鉄』の最初の企画書も、そういうふうに調整作業で作られたのですか？

さくま　桝田くんが一番よく知っていると思いますが、僕は企画書を作らないんですね。

――実は、このインタビューは、ゲームの企画書を色々な人にみせてもらいに行くという企画だったのですが、実際取材を始めてみると、昔のゲーム会社は企画書なんて作っていなかったと判明してきて……あるいは、もう紛失していたり……。

桝田　まあ、そりゃそうだよ（笑）。『桃太郎伝説』のときは、確か3枚だか4枚だかの企画書はありましたけどね。

さくま　『桃鉄』の場合は、まずは模造紙にマジックで大きなマス目を描いて、ボードゲームを作ったんですね。それをサイコロを振って遊びながら、何ヶ月ものあいだ、毎日のように修正したんですよ。当時は、確か物件もなくて、チップでやっていたはずですね。

桝田　で、僕はそれを後ろで見ていた。たぶん、一度もプレイしてない（笑）。

確か、その半年ほど前に『鉄道王』というゲームが出ていたんですよ。それが、狙いはいいのにすっげえ操作性の悪いゲームでさ、その欠点をどう解消したらいいかを分析したんですね。あと、その頃にさくまさんが、西武鉄道の堤《つつみ》さん※にハマってたのもある（笑）。

※堤義明《よしあき》　西武鉄道グループの元オーナー。西武グループの基礎を一代で築き上げた父の跡を継ぎ、ホテル経営やリゾート開発などを中心に、〝西武王国〟と呼ばれる西武グループの栄華を築く。バブルの崩壊とともに経営は低調になり、2004年にはグループの不祥事の責任をとって身を引く。その後、インサイダー取引の疑いで、証券取引法違反で逮捕された。

――堤義明さんの著書は200冊近くを読破したとWikipediaで見たのですが、どういう部分に惹《ひ》かれていたのですか？

さくま　あの頃、西武や阪急のような会社が鉄道を使って、不動産開発をしていたんですよ。宝塚《たからづか》なんかは、実はその典型ですよね。他にも、湯沢《ゆざわ》温泉や軽井沢《かるいざわ》のように、鉄道を敷くことで人の流れを作り、栄えていった街がありました。要は、電車による町おこしの流れがあったんです。だから、当時は本当に「鉄道王」という言い方が存在していたんですよ。

桝田　だって、あの頃のプロ野球って、近鉄とか南海とか鉄道会社ばかりだったもんね。なくなっちゃったけどね。

さくま　ちょっと、さみしいよね……。あと、堤さんの場合は、もう買うだけ買って人に任せちゃうでしょう。あれも凄いなあと思っていたんです。あの面白さをゲームで再現したかったんです。

――確かに、最初の『桃鉄』は不動産開発がメインで、そのために電車を使うゲームなんですよね。

さくま　ファミコン版はプレイヤーごとに、目的地が違ったままだったんですよ。ところが、実際にファミコン版をプレイさせてみると、岡山に作った「桃太郎ランド」というとんでもない高額物件を、プレイヤーみんなが最後に買いに行く流れになったんですね。特に意図してはいなかったのだけど、そうやってみんなが一つの場所に向かって走るのが、もう楽しくてね。

だから、ＰＣエンジンで二作目の『スーパー桃太郎電鉄』を出したときに、毎回の目的地を全員一緒にしてしまって、先に到着した人間がたくさん利益を得るように変えてみたんです。一応、一作目をボードゲームでテストプレイしていた段階で、基本的なルールそのものは完成していたのだけど、ここで現在の原型になるものが完成したように思います。

桝田　このルールの変更は大きかったんですよ。

というのも、ボードゲームからコンピュータの画面に移したときに、一覧性の問題にみんなで頭を抱えたの。リアルに置かれた模造紙のときは、みんなで全体像を見渡しながらプレイできたのだけど、テレビ画面でそれをやるのは難しいんだね。無理に全て映そうとすると、小さすぎて何が描かれてるのかわからない。

その情報の出し方をどうするかは、かなり徹底的に議論したのだけど、最初の時点では縮小画面を何パターンか用意するくらいで、上手《うま》く詰めきれなかったんだよね。

ところが、このさくまさんによるルール改正で、目的地が一箇所になったの。そうすると、目的地に近くなった重要な場面では、自然にプレイヤーのコマが１画面に収まるようになったんだね。

――なるほど、確かに！　それにしても、本当にユーザーを観察して、改善に改善を重ねていく

スタイルで最初から作られているのですね。

さくま　コンピュータにしたときの苦労という意味では、手札が見えてしまうのも困ったところでしたね。元々、人間同士でプレイしていたときは、トランプみたいにカードを隠してやっていましたから。基本的に、現在の『桃鉄』のカードというのは、他のユーザーに見えても面白さが損なわれないようなものなんですよ。ただ、コンピュータ化での苦労って、そのくらいじゃないかなあ。

桝田　ええ!?　NPC（ノンプレイヤーキャラクター）としての社長の思考ルーチン考えるの、大変だったんですよ。かなり複雑なルールだったんだから。

一同　（笑）

「〝NPCの頭が良すぎる。ズルしてるように見える〟と怒られた」

――ここからは、桝田さんのターンですね。でも、実は『桃太郎伝説』※で、すでにさくまさんのゲームには関わられているんですよね。

※『桃太郎伝説』　1987年にハドソンから発売されたRPG。おとぎ話の『桃太郎』を題材に、

さくまあきら氏が監督した。

桝田　だから、「また来たか」って思ったけどね（笑）。

ただ、誤解のないように一つ言っておくと、基本的なイメージはさくまさんが作るんですよ。『桃太郎伝説』だったら、『ドラクエ』と違って桃太郎は先制攻撃をしないんだ、とかね。モンスターが気づいていないのに先制攻撃をするのは卑怯《ひきよう》だからやらないとか、「たおした」ではなくて「こらしめた」と書くとか、そういう方針はさくまさんが決めるんです。

さくま　ただ、当時は、秋葉原《あきはばら》に行けば戦闘ルーチンをパカっと入れるようなパーツが売ってるのかな、と思ってましたね（笑）。

桝田　そこで当時、広告の担当者だった僕が登場したの。さくまさんが「プログラマが作るんじゃないの？」と言うのに対して、「いやいや、そうなんだけど、仕様書をいただけないと……」なんて話すわけ（笑）。

その時点で、まだ僕は正式にプロジェクトに入ってなかったはずですよ。だって、さくまさんがポケットからクシャクシャのお札を僕に渡して、「これでファミコンと『ドラクエ』を買ってきて調べてよ」と言ったのを覚えてますからね。つまり、僕に渡されたお金はプロジェクトの経費で落ちなかった（笑）。

——桝田さんはルーチンの書き方はどこで覚えたんですか？

桝田　いや、誰からも教わってない。以前に、サイコロを転がす対人ゲームのマニュアルをたまたま読んでいたので、ＲＰＧの判定は大体予想ができたってだけ。それをベースに『ドラクエ』のダメージを見て、「こういう感じの式だろう」と逆算して作ったんだよね。

……ま、あとで『メタルマックス』のときに宮岡《みやおか》さん※と一緒に組んだので、せっかくだから答え合わせをしてみたら、だいぶ違ってたけどね（笑）。実は、ファミコン版の『ドラクエ』には質の悪い疑似乱数が入ってたみたいなんですよ。そうすると、ただの乱数の振れ幅の中で時折、会心の一撃くらいのダメージが出てしまうんです。でも、僕はそのゆらぎを計算で出しているのだと思って、一人でウンウン考えていたんだね。

※宮岡寛　クレアテック代表取締役。『ドラゴンクエスト』では、シナリオのアシスタント、ダンジョンなどのデザインを担当した。『メタルマックス』シリーズの生みの親でもある。

さくま　あの頃は、まだゲーム制作の手法が確立していなかったからねえ。僕も何か思いついたら、桝田省治にいえば、何とかしてくれるというくらいに思ってたね（笑）。

桝田　で、『桃鉄』の方のアルゴリズムの話をすると、やっぱりコンピュータの計算の待ち時間がネックでしたね。だから、複雑な思考をさせるわけにいかないんですよ。でも一方で、ルールも結構複雑なので、そこそこ考えているようにみえるくらいの思考ルーチンを作らなきゃいけない。そこが、本当に大変だった。

しかも、さくまさんは思考ルーチンがあまりに強すぎると「頭が良すぎる。これではズルしているように見える」というわけ。でも、パターン認識能力って、人間のほうが高いんですよ。そうなると、人間では面倒くさくてやらないような総当たりで攻めるくらいしか、コンピュータを強くする方法がない。「じゃあ、NPCはサイコロの乱数をいじりますか？」と聞くと、さくまさんは「それはズルだよ！」と怒りだすしさ（笑）。

さくま　確率をいじったのは、基本的にはベイスターズの勝率だけですね（笑）。あとは、序盤だけは目的地に着きやすいようにしてますが、まあそのくらいですよ。

桝田　大多数の人間たちというのは、自分が勝てないと「コンピュータは絶対に乱数をいじっている」と必ず疑うんだよ。だから、彼らに納得感を与えるようなバランスにこだわるのは大事なんだよね。

――先日、スタッフ全員で『桃鉄』をプレイしてきたのですが、みんなでシーンごとに変数をいじってるんじゃないかと疑ってました……。

さくま　はっはっは。そりゃ気のせいですけど……まあ、僕としてはそういうのも含めて楽しんでほしいんですよ。

ただ、そういう意味では、計算時間の問題については考えました。やはり、ゲーマーではない「普通」の人たちというのは、テンポが良くないとすぐに放り投げてしまいますから。だから、徹底的に内部の計算時間を削りましたね。特に困ったのがイベントで、あれは同時に進行しやすい上に、一つ出るごとに計算が変化しますからね。そのせいで、イベントはだいぶ削りましたし、それこそメッセージの文字まで細かく削って、何度も何度もテストプレイをしながら調整をかけました。

ただ、それでも、やっぱり最後はエンジニアから「もう限界です！」と来るんです。だから、もうそこは演出で工夫しました。「こんな凄い数字が出たぞ！」みたいなメッセージを表示してるあいだに時間を稼いで、まだ後ろでは計算しているんです（笑）。ほとんどマジシャンがミスディレクションで気を逸《そ》らしておくような話ですよね。

――でも、そういう手触り感への鬼のようなコダワリというのは、実は洋ゲーとは違う発想から生まれた、日本のテレビゲームの凄《すさ》まじさの一つじゃないでしょうか。残念なことに、ほとんど明文化されたのを見たことがないのですが……。

桝田　凄いよね。ごまかし方が人力なんだもん。

――昔のゲーム業界の話を聞くと、容量との戦いの中でのあくなき手触り感への追求から、あの名作の数々が生まれてきたんだな、と驚くんです。

さくま　当時は偶然のバグで起きた面白い現象を取り入れたりとか、まあ色々とありましたよね。

――それにしても、アルゴリズムや乱数が理解できる広告屋さんというのは、今となってはずいぶんと異様な存在に見えるのですが……。当時って、『テニミュ』の片岡《かたおか》さん※がアニメに関わっていたり、広告関係の人が妙にクリエイションの現場にいるように見えるんです。

※片岡義朗《よしろう》　日本のアニメ・舞台のプロデューサー。旭通信社勤務時代に、『ハイスクール！奇面組』や『姫ちゃんのリボン』などの数々の名作アニメのプロデュースに関わる。90年代からいち早く2・5次元舞台を手がけており、『テニミュ』の企画制作プロデューサーでもある。

桝田　だって、待っててもテストプレイのサンプルが上がってこなければ、そりゃ現場に出向くよね（笑）。媒体に載せる素材が来ないんだから、「どうなってんだ？」という話ですよ。

さくま　で、「そんなにわかるのなら、一緒にやりましょう」となるわけです。結局、桝田くんには自分でもゲーム制作をするように奨《すす》めましたよね。

――逆に本業の広告屋的な視点からのアドバイスというのは、あったんですか？

桝田　まず、「お願いだから、桃太郎をタイトルに入れてくれ」と言いましたね。当初は『桃太郎伝説』とは繋《つな》げてなかったんですよ。まあ、初期出荷数を稼ぎたかったのもあるけど、既にあるシリーズでやれば、新しく宣伝費を投入しなくて済むからね。で、ゲーム中の司会進行の役が決まっていなかったから、「じゃあ、そこに桃太郎でお願いします」と言ったんです。

制作スタッフの中に広告を作れる人がいると、客受けして欲しいポイントを考慮して、キーワードを外れなく入れられるんですよ。初代『桃鉄』の赤い放射線のパッケージは僕のデザインで、次のＰＣエンジン版までは僕が広告もやってましたね。

で、重要なのはカートリッジに「『桃鉄』と呼ぼう」と書いておいたことなんですよ。たぶん、ゲーム会社の側から略称を推奨したのは、『桃鉄』が初めてのはずですよ。

さくま　それは、桝田くんが戦略的にやっていたよね。

桝田　まあ、それはメーカーの営業からの苦情でやったことなんですけどね（苦笑）。まだ当時は、電話やＦＡＸで注文する時代だったんだけど、そのときに「〝ももでん〟

をあと8本入れて」と言われたときに、『桃太郎伝説』か『桃太郎電鉄』なのかがわからなくなると、ハドソンの営業から言われたんですよ。だから、公式に『桃鉄』という呼び方を指定したんです。でも、さくまさんは「間違えて『桃伝』が届いても、それはそれで面白いじゃないか」とか言って、けらけら笑ってたんだよ。ひどいよねえ（笑）。

ジャンプ編集部で知った〝普通〟の世界

――それにしても、先ほどから聞いていると、「ジャンプ編集部」の話であったり、広告代理店的な発想での手法であったりと、どうも古くからあるマスメディア的な発想がかなり色濃くゲームに持ち込まれていたように思うんです。

桝田　そりゃそうだよね。だって、そのほんの数年前までゲーム業界なんて、なかったんだもん。

さくま　僕も堀井くんも、元々はライターや編集者ですから、そういう発想はありますよ。雑誌を作るときに校了ってあるでしょう。あの進行管理は「台割」というものを使って行うのですが、ああいう納期の管理の仕方も、実はかなり出版社の経験が大きかったですね。

――おそらく、日本のゲーム作家の系統樹を描いたときに、堀井雄二――さくまあきら――桝田省治のような水脈というのは、実は任天堂のゲームが宮本茂からどう引き継がれていったかに匹敵するくらいの、非常に大きな流れにあるように思うんです。

桝田　まあ、僕はさくまさんの弟子筋ではありますよね。テストプレイのときに、さくまさんから門前の小僧状態で教わったことが、たくさんありますから。当時は「面白くないゲームのほうが学ぶことが多い」と、よく二人でプレイしていましたね。

――お二人でどんなゲームをプレイしていたんですか？

さくま　主にPC-9801[※]のゲームとファミコンですよね。当時は『信長の野望』なんかをやってましたね。

※ PC-9801　90年代に大きく人気を博したパーソナルコンピュータ。主にビジネス市場をターゲットとしていたが、商用ゲームやフリーゲームが多数登場した。

桝田　一度、ひどい『信長の野望』をやらされた覚えがあるんですよ。なんか、キーボードの端っこのボタンをトットットッと押すと、さくまさんの国の兵隊がボボボボって増えるんですよ。

さくま　時効だと思うから言うけど、あれは堀井くんが改造したやつで、僕が彼にひどいめに遭わされたから、今度は桝田くんにやり返したんだよね（笑）。当時はゲームに、マトモなプロテクトなんて掛けられてなかったんです。

――『信長の野望 ver. 堀井雄二』があったんですね（笑）。ちなみに、桝田さんにとって、さくまさんから学んだことで印象深いことはありますか？

桝田　うーん、ちょっと誤解を招く言い方かもしれないけど、「バカの愛し方」かな（笑）？

やっぱり、さっきも言ったけど、さくまさんは「普通の人」のことを本当によく知っているんですよ。ゲームなんて上手くないし、少なくともゲームを楽しんでいる間くらいは、難しいことなんて覚えたくないし、考えたくもない。そういう人間は、世の中にはたくさんいるんです。その存在を頭で理解したと思うのは簡単なことだよ。でも、さくまさんは、「ジャンプ」の読者ページで毎週毎週、みかん箱に何箱とあるような――それこそ何千万通もの「普通」の子供たちの葉書に向きあって、それを肌で体感してきたんだよ。

僕も最初に彼らの葉書を見せてもらったときには、ビックリしたんですよ。だって、「ジャンプ」の葉書コーナーに載せてほしいのに、ペンで書いてこないことだけでも驚くのに、消しゴムすら使わないんだから。彼らは、指でこすって消すんですよ。そして、J

BS放送局のJを「し」と書いてたりね。

さくま　「頭がイイ人」には、彼らの気持ちがわからないんですよ。

あの子たちは、説明書を読まないとできないようじゃ、ダメなんです。だから、読まなくても進められるものを作りました。サイコロを振って矢印の方向に進めばプレイできるのも、それが理由です。『桃鉄』を作るときには、考えるのが苦手な子でも遊べて、でも戦略がある人はもっと上手くプレイできるというバランスで作るんです。とにかく、僕は説明書とか攻略本を買わなきゃいけないものにして、彼らが遊べない作品にはしたくないんですね。

桝田　『桃鉄』のマップ上で、青森のところでリンゴが笑ってたりするでしょ。あれは、さくまさんが「日本地図だったら、誰でも知っているはずだ」という、自分の中の常識が否定された瞬間に入れたと言ってましたよね。青森といえば本州の一番北にあるなんて、日本人なら誰でも知っていると思うけど、そんなのは大間違いなんだよね。でも、「たくさんリンゴが笑ってるのは、青森」なら、何度か遊べば覚えられるわけで。

さくま　以前に、〝どんちゃん〟にアメリカの地図を描かせてみたんです。ロサンゼルスの位置などを入れさせてみたのだけど、全く描けない。それどころか、日本地図も描けない。彼の描いた日本地図には、名古屋《なごや》県が存在していて、房総《ぼうそう》半島は存在していませんでした。でも別に、そういう人は珍しくないんですよ。先日も、福井県が九州より遠いと言いだした人に会いましたし。

桝田　そうかもなあ。僕も昨日、大手ニュースサイトで、「金沢《かなざわ》県についに新幹線」って書いてるのを見たよ。

一同　（笑）

——当時の「ジャンプ」のお仕事から持ち帰られたものは、大きいんですね。

さくま　やはり600万部という場所で、ああいう仕事ができたのは大きかったですね。「ジャンプ」より前に担当していた「月刊OUT」という雑誌の投稿ページでは、もっとダークな部分やアダルトな部分も入れていたんですね。でも、「ジャンプ」のあの欄を担当したことで、〝王道〟から外れない発想というものを身につけたように思いますね。

——その辺の〝王道〟っぽさって、言葉にするとどういうものになりますか。

さくま　まず大事なのは、「派手に・元気に・明るく」なんです。やっぱり普通の人にウケるのは、それです。そして、「難しくするな」ですね。例えば、桂正和《かつらまさかず》さんの漫画に『超機動員ヴァンダー』という漫画があったのですが、あまり人気が出なかったんですね。

で、子供たちに聞いて調べてみると、「ヴ」が読めないから入り込めないでいた。そもそも、漫画として楽しむ以前の問題だったんです。

――なるほど。

さくま　あと、彼らは「下ネタ」が大好き（笑）。でも、それも「うんち」と「おなら」まで。女の子系の下ネタはダメなんですよ。だから、『桃鉄』にも「うんちカード」や「おならカード」は取り入れています。あのカードの場合は、どこに飛んで行くかわからないところも、彼らが好きなところですね。それに、「ハズした悪意」もダメです。意地の悪さのようなものが出すぎてしまうと、本当に嫌われます。

――やるなら、キングボンビーくらいスコーンと突き抜けろ、と。

さくま　そうです。もちろん、キングボンビーは彼らも大好きですね。あと、まさに〝キングボンビー〟みたいに、名前がストレートなのも大事なんですよ。「持ち金2倍マン」みたいな、もうそのまんまの名前のほうが、やっぱり覚えてもらえるんです。

どんちゃんの仰天エピソードが次々に

——ちなみに、そういう配慮って他にもあるんですか？

桝田　まず、よく企画の説明なんかで「大事なことは三つまで」とか言うでしょ。でも、重要なのは、三つ目を言ったときには、彼らは最初の一つ目は忘れているということ（笑）。

昔、岩崎《いわざき》※が『凄ノ王伝説』というＲＰＧのチューニングをやってるときに、さくまさんと僕と例の〝どんちゃん〟がたまたま札幌《さっぽろ》にいたから、どんちゃんにやらせたの。すると、町の入口で「北に行くと強い敵がいるから、まず南に行け」と言われるんだけど、町の奥で別の人から北の方の噂話を聞いちゃうんだね。そうすると、もうダメ。どんちゃんは、入口で言われたことなんて、すっかり忘れちゃうんです。それで、北に突っ込んでいっては、「あ、死んだ」となるのを3回くらい繰り返してるんです。

※岩崎啓眞《ひろまさ》　『イース』のＰＣエンジン版の移植などに関わったゲームプログラマ。その後も、『天外魔境Ⅱ』や『リンダキューブ』などのゲームに関わる。ゲーム雑誌でのライター活動も行う。

さくま　メッセージは、小さくしなければダメです。普通のユーザーは覚えられないんです。そこを忘れると、どこまでも難しいゲームになっていって、間口が狭くなってしまうんです。

桝田　彼らは「覚えられない」、「一度に一個しか考えられない」、そして「コンピュータはズルしていると信じている」。これを本当に理解している開発者って、どれだけいるんだろうね。

さくま　「俺は好きな目が出せるんだ」という人も、別に珍しくないですよね。

桝田　『ファイアーエムブレム』に、シーダという翼が生えた女性キャラがいるでしょう。あれ、移動距離が長いから使い方が難しいんだけど、どんちゃんにやらせると、もう一気に向こうまで飛んでくの（笑）。で、当然、仲間が追いつけないから、すぐに敵に囲まれて死んで、そうしたら速攻でリセットボタン。それで「運が悪かった」と言い訳をする。いやいや戦術が間違ってるんだから……と思うんだけど、たまに敵の攻撃を避《よ》けたり、会心の一撃が出たりして、「よっしゃあ」と喜んでるんだよね。それを見たときに、これが「普通」の人のプレイなんだよな、と思ったよね。

あと、今でも覚えているのが、どんちゃんが『天外魔境』をやってるときに、新しい村に来たんだよ。だけど、「これは新しい村じゃない」とか言いだすわけ。「なんでだよ」と聞いたら、「だって新しい武器が売ってないから。そんなのは新しい村じゃない」（笑）。

――それは、もはや名言なんじゃないですか……（笑）？

桝田　凄いでしょ。ゲームの本質を突いている。でも、そんなどんちゃんも子供できたらしいからね。もう彼が、お父さんなんだよ。ビックリするね。

さくま　いまでも『桃鉄』をプレイすると、キングボンビーで手が震えてますよ。そして、やっぱり上手くはならないんですね（笑）。

〝どんちゃん〟は本当に素直な子だったんですよ。RPGのダンジョンで端まで行ったところで、トイレに駆け込んだことがあるんです。見に行ったら、汗で濡《ぬ》れちゃった手を一生懸命に拭《ふ》いてるんですね。でもね、そういう子だからこそ、彼の意見は貴重なんです。『桃鉄』は、僕がそういう色んなことを学んだ読者ページの子たちが手伝ってくれたゲームです。古い日本家屋を借りて、彼らと一緒に模造紙でサイコロを振りながら作ったんです。どんちゃんもそうだし、ハマちゃんもいましたね。浜崎達也《はまざきたつや》くんという子で、現在は「.hack」やワンピースのノベライズをやっています。あとは、後の漫画家の小出拓《こいでたく》くんとかね。

桝田　ちなみに、その一軒家って、僕のいたI&Sが所有してた家だったんですよ。隣の部屋では、後のポケモンの石原恒和《いしはらつねかず》さんが※、音符を狙いながらプレイする『オトッキー』というシューティングゲームを作ってたんだよね。I&Sは第一広告社とSPNというセゾングループの代理店が合併してできた会社で、Iは第一広告社の一で、SはSPNだったんです。石原さんは、合併したときにSPNの側から来たんですよ。

※石原恒和　株式会社ポケモン代表取締役社長。株式会社クリーチャーズ代表取締役会長。『ポケットモンスター』シリーズのプロデューサーを務め、ポケモン関連ビジネスを手がける。

堀井雄二がゲーム制作を奨めた理由とは

――少し、さくまさんがゲーム制作に向かった背景をお伺いしたいんです。さくまさんの実家はおもちゃ屋とお聞きしましたが、ゲーム制作に影響がありましたか？

さくま　やはり、結果的にはあったと思いますね。

子供の頃から、野球ゲームをノートで作って、鉛筆を転がして打者がヒットかホームランかを決めたりして、遊んでいたんですよ。それが、サイコロの出目の出現確率みたいなのを体感で得ることに繋がりましたね。例えば、確率的には3割というと少なそうだけど、3割打者ってかなりの打率で打っている感覚があるじゃないですか。こういう感覚が確率の設定に役立つんです。

――数学的な確率の問題とは別に、リアルでの人間の確率についての体感値のようなものがあるわけですね。「3割」というのは、人間にとってはかなりの確率で起こっているようにみえるんだ、と。

さくま　巨人の川相《かわい》選手なんて、打率でいうと2割5分の打者だったから、プロ野球好きの感覚ではそんなに打っている人ではなかったんですね。でも、数字に直してみると、例えば2割5分の打者の成績と3割打者の成績って、実は0・25と0・3というたかだか0・05の差でしかないんです。こういう細かい数字の体感を持っているのは、やはり野球のおかげなんでしょうね。

――ゲーム制作という点では、堀井雄二さんとの出会いが大きかったのですか？

さくま　堀井くんの作ったゲームは、僕はよくテストプレイをしたものですよ。『ポートピア連続殺人事件』をプレイさせられて、「文字入力なんて難しいから、選択肢にしなよ」と伝えたりね。

――あのゲームから、アドベンチャーゲームに選択肢を選んで進める発想が取り入れられたと聞いたのですが、それはさくまさんのテストプレイでの指摘だったたんですね。

さくま　そうですよ。あと、『ポートピア』の絵を見て「この絵はイマイチだなあ……僕が描こうか」と言ったら「すまんのう、ワシが描いたんや」なんて言われました（笑）。堀井くんはあまり絵が上手じゃないんですよ。本当は漫画研究会の周辺でも一番漫画が上手かったくらいなんだけど、事故で描けなくなっちゃったんです。堀井くんがライターの道に進んだのは、それからだったたんですね。

そんなある日、堀井くんがゲームについて「ワシが作れるなら、お前も作れるやろ」と言い出したんですよ。「わからないところがあれば、ワシが教えてやるから」と。それで、ついその気になって作ったのですが、実際に作ってみると、もう本当に苦労するんですよ。それで「大変だよ」と言ったら、堀井くんが「せやろ」と嬉《うれ》しそうに言うんですよ。聞いたら、ゲーム制作があまりに大変だから、その苦労を分かちあえる仲間が欲しくて、僕をこの道に誘ったと言うんですよ（笑）。

一同　（笑）

さくま　ヒドい話ですよね（笑）。

ただ、堀井くんとは大学時代から、しょっちゅう一緒に遊んでいました。そもそも僕の実家は西武新宿線の上井草《かみいぐさ》駅の横にあって、堀井くんの下宿もその沿線の都立家政《とりつかせい》という駅にあったの。同じ沿線にいたから、定期券で遊びに行きやすかったんですね。

――鉄道のゲームというのは堤義明さんからの影響ですし、本当に当時の西武鉄道が生んだゲームだったんですね（笑）。

さくま　そう言われると、本当にそうだよね（笑）。

で、大学生の頃に、僕や堀井くんは30校くらいの漫画研究会の連合にいたんですよ。その貧乏な連中で、近所どうしで集まって、みんなで５００円ずつ出しあって、カレーを作ったりしたものですよ。あの頃は、もうみんな本当に貧しくてね。そうそう、貧乏神の〝えのっぴ〟くんも、漫画研究会のつながりですよ。

――やはり榎本《えのもと》さん※は一番貧乏だったとか……。

※榎本一夫　有限会社バナナグローブスタジオ代表取締役。『ドラゴンクエスト』のロゴデザインなどを手がけた。『桃太郎電鉄』における貧乏神のモデル。

さくま　いやいや、当時はみんな一律に貧乏ですよ（笑）。

桝田　その後の話で言ったら、むしろ榎本さんは立派な数の社員を抱えた会社も作ったし、一番マトモな人ですよね。なんか、パーティーとかで会う人に、よく「ボンビーにはひどい目に遭わされました」と言われるらしいですけどね。

一同　（笑）

さくま　僕も「いつもひどい目に遭ってます」とか、よく言われると聞きました。なにせ、鳥山明《とりやまあきら》さんも悔しがってたくらいですからね。

でも、既に榎本くんは当時、お勤めをしていたはずですよ。営業先で堀井くんに会ったという話を聞いた覚えがありますから。それで、彼が会社をやめるという話を聞いたから、取扱説明書やパッケージを頼むようになったんです。だって、初代『ドラクエ』のロゴをデザインしたのは榎本くんですからね。

――……知りませんでした。

さくま　ああ……昔はわりと有名な話だったけど、もう若い人は知らないよねえ。土居《どい》くん※もこのグループにいたし、慶應大学には『ポポロクロイス物語』の田森庸介《たもりようすけ》くん※※もいたし、本当にお友達同士でその後も仕事をしていたんですよ。

というのも、僕たちがちょうど就職活動になった時期に、オイルショックが来てしまったんです。僕も、本当は親父が日産に勤めていたからそっちに入社したかったのだけど、ダブっていたのもあって上手く行かなかった。仕方なく、僕たちは自由業になり、ライターをしたりカットを描いたりして生活していたんです。それで貧乏だったんですよ。

※土居孝幸《たかゆき》　『桃太郎伝説』や『桃太郎電鉄』シリーズの作画やキャラクターデザインを務めたデザイナー。ジャンプ放送局にも登場した。

※※田森庸介　漫画家。児童向けの作品を多く手がける。代表作は、『ポポロクロイス物語』『死神マーヤ』など。

桝田　広井《ひろい》王子《おうじ》※さんもさくまさんと同世代ですよね。彼も、やっぱり自由業になってしまったわけですからねえ。

※広井王子　漫画、アニメ、テレビゲームなどの原作を手掛けるマルチクリエイター。レッド・エンタテインメント顧問。代表作は『サクラ大戦』『魔神英雄伝ワタル』など。

――その漫画研究会仲間たちがオイルショックにぶつかったことで自由業になり、やがてゲーム業界に流れ込んでいくわけですね。

さくま　ホントは漫画に行くのが自然だったはずなんだけど、なぜか漫画にも行かなかったんだよね。あの界隈《かいわい》だと、このあいだ昼ドラになった『幸せの時間』の国友《くにとも》やすゆきさん※くらいじゃないかなあ。あの作品は600万部くらい売れたらしいですね。

※国友やすゆき　漫画家。『幸せの時間』以外にも、累計500万部を超えた『JUNK BOY』や、緒形直人《おがたなおと》主演でドラマ化された『100億の男』などの人気作を手がけた。

『ドラクエ』と『桃鉄』の共通点とは…？

――小池一夫《こいけかずお》さん※の主宰している「小池一夫劇画村塾」は、その漫画研究会仲間で行ったのですか？

さくま　元々、小池さんのファンだったのもあって、僕が最初に行ったんです。そうしたら、私塾だから当時の高橋留美子《たかはしるみこ》さんのような若い女性から男性のお年寄りまでが同級生になってしまい、もう年齢も性別もバラバラの友達がたくさん作れてしまったんです。それをみて、「面白そうだ」と堀井くんや宮岡くんたちが来たんですね。

※小池一夫　漫画原作者。『子連れ狼』や『修羅雪姫』など、多数の名作漫画を手がけてきた。1977年からは私塾「小池一夫劇画村塾」を開講。独自のキャラクター理論にもとづく創作理論で、堀井雄二・さくまあきら・高橋留美子・原哲夫《はらてつお》・板垣恵介《いたがきけいすけ》など、各界にクリエイターを輩出した。

――第一期生に応募したのは、募集を見たのですか。

さくま　雑誌の募集を見て、行ったんですよ。理由は、一期生は大物が出ることが多いから。

僕は漫画が描けなかったので、編集者になるつもりだったんですよ。とすれば、ここには漫画家と原作者が同級生として集まっているわけで、一網打尽じゃないかと思ったわけです（笑）。

桝田　虫がいいなあ（笑）。

さくま　でも、一期生だけで終わるか、一期生が素晴らしくて続いていくかのどっちかというのがセオリーでしょう。結果的には、高橋留美子さんが同級生になったし、堀井くんは三期生で入ったし、板垣恵介さんとかも入ってきたわけで、大成功ですよね。

まあ、僕の方はといえば、編集者クラスに行ったら僕以外に志望者がいなくて、原作コースに回されたんですけどね。

――小池一夫さんは、どういうアドバイスをされたのですか？

さくま　まず小池先生が一番におっしゃるのは、「キャラクターを立てる」ということですね。キャラクターこそが一番大事であり、基本だというわけです。

例えば、『ドラクエ』では主人公が喋《しゃべ》らないですね。あれは小池先生の理論を守っているんですよ。自分で「私が勇者ですよ。私は凄いですよ」と言っても、周囲は誰もそうは思ってくれない。だから、本人が自分のキャラを説明しちゃダメなんです。あくまでも周りが「あの勇者の噂を聞いたか」とか「今度転校してくるアイツは凄いらしいぞ」とかいうふうに噂してくれるのが大事なんですね。

だから、『桃鉄』でも秘書が出てきて、「社長、○○ですぞ」と言ってくれるわけですよ。

――なるほど！『桃鉄』と『ドラクエ』は同じ理屈で作られていたんですね！

さくま　ええ、そうなんですよ。僕も堀井くんも、小池さんに師事しなかったらゲームを作れなかったね、と、よく話すんです。本当に、小池先生には頭が上がらないですね。他にも、僕はツカミをとても大事にしているのですが、その重要性を教えてくれたのも小池先生でした。本当に、たくさんの大事なことを教わったんですよ。

――しかし、漫画研究会仲間や小池塾があって、黄金期の「ジャンプ」での仕事があって、さらに桝田さんのような広告代理店の発想も入っていて……当時のゲーム業界は、本当に色んな文脈が混ざりあった業界だったんですね。

さくま　あの黎明期の時代は、面白かったですよね。

キングボンビーをあえて採用した理由

――ざっくりとした質問で恐縮なのですが、『桃鉄』の面白さとはどういうものだと思いますか？

さくま　麻雀《マージャン》のようなものだと思いますね。

桝田　確かに、構造は似てるよね。『桃鉄』は、毎回目的地がリセットされるじゃない。あの1回1回が切れながらも繋がっている感じが、麻雀っぽいよね。あと、麻雀でも1位の人と4位の人で戦略が違ったりするでしょ。

さくま　そうそう。あと、麻雀でも「あと半荘《ハンチャン》」とか思うじゃないですか。これには面白い話があって、以前、奥さんから電話がかかってきた人が「あと半年で帰るから」と言ってしまい、驚かれたというんです（笑）。

一同　（笑）

――逆に、1回の対戦を長くする方向には行かなかったんですか。

さくま　1回のプレイを重くしてしまうと、かえって挽回《ばんかい》ができなくなるので、諦《あきら》めてしまいますね。逆に、短く何回も対戦させると、次は勝てるんじゃないかと思って、続けてくれるんです。

しかも、『桃鉄』は勝った人が次の目的地を自由に決められないでしょう。あくまでも、コンピュータが決める。あれが大事なんです。そうなると、みんな「次は自分が得になるかもしれない」と思ってくれるんですね。実際、ダントツの1位だった人がかえって次の目的地に一番遠かったり、みんなから離れていた人が、一人だけ次の目的地の近くにたまいたりするじゃないですか。

あと、貧乏神も重要です。あれはトップの人が食らうと被害が大きいし、周囲は大変に気持ちが良いのだけど（笑）、実は最下位の人には大して痛くもないわけですよ。

――最初、なんでこんな理不尽な要素をゲームに入れてるのだろう？　と思っていたのですが、食らった本人は不愉快でも、実は他の3人は「ざまぁ！」という感じで、とても爽快《そうかい》なんですよね（笑）。つまり1：3で、楽しい気分になる人の方が多い要素なんだと気がついて、「なるほど」と。

桝田　「徳政令カード」があれば、いくら借金を背負っても大丈夫だしね。

いや、PCエンジンで出た当時、あの貧乏神のシステムは画期的でしたよ。確か元々は、二作目で目的地を一つだけに絞ってみたら、慣れたテストプレイヤーの中から、有利な物件を覚えてしまって、目的地には向かわない方向でプレイする人間が登場してしまったんです。それへの対策として、さくまさんが思いついたんですよ。

さくま　で、貧乏神の悪事の中身は桝田くんが考えるように言ったんだよね（笑）。

桝田　そうそう。ＦＡＸでデレデレ凄い量を送りましたよね（笑）。

――どんな内容を送ったんですか？

桝田　まず、同じ位置に来ると、貧乏神をなすりつけられるのは僕が考えたと思う。

――あの醜い光景が広がるやつですよね。

桝田　いやいや、あれは貧乏神がついた人が不利にならないように、救済策として作ったんだから。あと、キングボンビーの「捨てる物件の数はお前が決めていいよ」って、サイコロ振らせるやつも僕が考えましたね。

さくま　いかにも、この人が思いつきそうな感じでしょう（笑）。

――確かに（笑）。あれ、初めて食らったときは衝撃を受けますからね……。でも、どこまでの悪事をさせるかの見極めはあるわけですよね。

桝田　僕の場合は、救済策があるかどうかを考えましたね。ひどいことを考えたら、同時にちゃんと逃げられる手を用意しておいて、そこでバランスを取るんですよ。

さくま　例えば、それを防げるカードをちゃんと用意しておくとかね。

桝田くんには、本当にたくさんのアイディアを出してもらったんです。その中から、僕の方で世界観に合うものを選んで、「あとは、キミが自分のゲームを作るときに使ってください」と言ってボツにしました（笑）。

――ただ、キングボンビーになると、かなり悪意の程度が……。

さくま　キングボンビーは、もう全員から反対されました。でもね、堤義明さんが「みんなが反対する案は、良い案なんだ」と言っているんですよ。それに、よくよく観察してみると、みんな自分がキングボンビーに取りつかれたときのことを思い浮かべて、「嫌だ」と言ってたんです（笑）。

一同　（笑）

さくま　実際に入れてみると、やっぱり面白いんですよ。でも、堀井くんだけは、「あれのせいでゲームバランスが崩れてしまう」と強く反対し続けていました。ただ、最後になって、キングボンビーに取りつかれたときに泣き出す子供がいるという話になって、一応、キングボンビーが出ないモードを入れておいたんです。そのモードをあとでプレイした堀井くんから、「やっぱりキングボンビーは必要だった」と言われました。

――でも、実際問題として、ゲームバランスは崩れていないんでしょうか？

さくま　ええ、崩れていますよ。だから、面白いんじゃないですか。

――凄いことを言っている気がするのですが……。

桝田　だって、このゲームは何回もやるのが前提なんだよ。RPGみたいな1回だけで終わるゲームと同じ発想で捉《とら》えちゃダメなんだよ。多少メチャクチャになったところで、次にもう1回やったときには違うだろうしさ。

さくま　みんなで集まって『桃鉄』を平和にプレイしたって、面白くなんてないでしょう。人間は嫌なことほど記憶に残るんです。そして、だからこそ勝ったときに高揚感が生まれる。

例えば、やりこんだプレイヤーの中には、実はキングボンビーよりも怖ろしいのは、スリの銀次だという人も多いんです。僕たちが銀行を作らなかったのは、それが理由ですよ。他のゲームだったら銀行を作って、そこにお金を預けるという発想になるんでしょうけれどもね。

――つまり、銀行が『桃鉄』にはないのは、スリの銀次のためだったと。

さくま　ええ、それでこそ銀次が、もっと怖くなる。そうなると、銀次のキャラも立つでしょう。ゲームを作るときには、色んな要素を考えるんです。

――でも、あんまり理不尽だと、やはりユーザーが嫌がりませんか。

さくま　いや、「理不尽なことは面白い」んですよ。だから、大事なのは、そこをどう納得させるかを考えることです。

例えば、キングボンビーで重要なのは、キングボンビーになる前に、そもそも自分がボンビーをつけていることなんです。なすりつけようと思えばなすりつけられたはずなのに、自分はそれができなかった。そうすると、人間は自業自得だと思い込んでしまい、「自分が悪かった」と諦めるんです。実際には、キングボンビーなんて、どこからどう見ても理不尽なのにね(笑)。

桝田　僕がさくまさんに教えてもらったことで、今でも強烈に覚えているのが「ゲーム画面の中を作るな。ゲーム画面の前を作れ」という言葉なんだよ。

つまり、ゲームの中だけを見てどうこう言ってちゃダメなんだよ。大事なのは、実際にゲーム画面の前にいるプレイヤーがどう動くかであり、彼らがどう反応するかをデザインしろ、ということなんだね。これは、僕が本当に大事にしている言葉なんですよ。

――まさに、『桃鉄』そのものですね。

さくま ちょっと、今の、もう1回言ってよ。褒められ慣れてないんだからさ。まあ、僕はそんなことを言ったのなんて、覚えてなかったけど（笑）。

一同 （笑）

桝田 だから、ゲームの良いこと・悪いことの「さじ加減」を調整するときは、まずはゲーム画面の前でプレイヤーがどう反応をするかを想像することから始めるんですよ。まあ、僕の場合は、イベントが起きていなかったら少し発生確率を上げるようにいじったりして、さらに細かくやるところもあるんだけど、基本はそこから始まるんだよね。

さくま そういう意味では、僕が一番に考えているのは、子供が初めてプレイしても、サクサク進められることですね。テンポ感も本当に重視しています。子供は本ですらテンポが悪いと、読むのをやめてしまいますから。だから、ゲームをやらない女の子を部屋に誘って「『桃鉄』やらない？」となっても、ちゃんと進められるようにしているんですよ。

――それは、さすがに険悪なムードになる恐れが……（笑）。

さくま はっはっは（笑）。そういうときのコツは、弱いＮＰＣを入れておくことですね。でも、確かにやってるうちに本気になってくる人もいるんですよ。夫婦げんかになる人もいて、「ウチが貧乏なのは、お前の引きが悪いせいだ」とか言い出すんです。

「あらゆるものの集大成ですね」

――さくまさんからみて、「こいつ、すげえなあ」というクリエイターはいますか。

さくま　（じっと桝田さんの方を見る）

桝田　……僕を除いて、ね。

さくま　なんで、それを先に言うの（笑）。まあ、やっぱり堀井くんかな。彼はお客さんに対して、優しいですね。ちゃんと小まめに褒めてあげるから、お客さんが報われるようになっているんです。ただ、他はパッとは思いつかないですね。そもそもクリエイターさんって、もう最近は個人名を出す人がいなくなっちゃいましたからね。

――なぜこういう話を聞いたのかというと、さくまさんが『桃鉄』で築き上げた、ある種の技術や知見だったりは、現状受け継がれているのだろうかと思いまして……。

さくま　もうハドソンもなくなってしまいましたから、いないですね。

桝田　でも、このゲームを遊びながら育った連中で、力のあるやつはちゃんと吸収してますよ。そりゃそうだと思いますよ。

――実は、今回の対談のために『桃鉄』を久々にプレイして、編集部で驚いたんです。堅苦しくゲームデザインとは何かを考えていては、絶対に到達できないゲームだなと思いました。カードやイベントで息つくまもなく順位が何度も逆転して、理不尽を互いに押しつけあって、感情が揺さぶられていく。こういうゲームデザインが成立する理屈って、どういうものだろうと話し合ったんです。

さくま　まあ結局、僕らを評価するのはお客さんですからね。

桝田　でもさ、このゲームを少しでも触ってみれば、すぐに丁寧に作りこまれたゲームだということがわかるんだよ。だから、多少の理不尽さがあっても、絶対にこのゲームには逆転の要素が盛り込まれているはずだという信頼も同時に並立するんだよ。まあ、その丁寧さというのは一言では言えなくて、ゲームデザインだけじゃなくて、音楽も絵もパッケージも含めたトータルな雰囲気が醸しだす印象なんだけど。

――桝田さんの中では、さくまさんの「ゲームバランスが崩れているから面白い」みたいな発想は理論化できているんでしょうか。

桝田　いやあ、さすがに理論化はされてないなあ。

ただ、これも結局は、「ゲーム画面の中じゃなくて、ゲーム画面の前を見る」が実践できていれば、別に難しい話じゃないと思うよ。だってさ、みんなで家で『桃鉄』をプレイしている時点で、そいつらはもう既に仲がいいはずなんだよ。そういう連中のあいだで、キングボンビーとかでバーンと順位が落ちるやつがいても、「お前、やっちまったな（笑）」とか言って、みんなでヤーヤー盛り上がれるでしょう。そのときに他の3人がどんな顔をして笑っていて、どんな言葉をかけてるのかが想像できていれば、許される理不尽がどんなものかはわかるはずなんだよね。

だから、RPGみたいにコンピュータと一人で向きあってプレイするゲームと、こういう『桃鉄』みたいなゲームを同列に考えちゃダメなんだよ。一人でコンピュータとプレイしていたら、こんなのコントローラーを投げ出すよ（笑）。

――『桃鉄』以外で、そういうゲームデザインに気をつかっている作品はあると思いますか？

桝田　いやあ……『俺屍』※とか、一所懸命に考えてますよ（笑）。

※『俺の屍を越えてゆけ』　桝田氏が手がけたRPG。平安時代をベースにした独特の世界観や、神との交わりによって一族を強くする独自のゲームシステムが人気。なお、タイトルは、桝田氏との打ち合わせ中のどんちゃんの発言から取られたという。

さくま　（笑）

桝田　だって、自分の育てたキャラクターが次から次に死ぬんだよ。作っておいてなんだけど、理不尽極まりないじゃん。

――一連のお話をお伺いしていると、理不尽なイベントでプレイヤーに悲鳴をあげさせながらも、いかにそれを納得させる演出をするか、みたいな部分に大変に注力されている印象です。

さくま　ええ、そうですね。とても正しいです。

――やはり海外のゲーム研究のゲームデザインで語られるような話では、我々がプレイしてきた日本のゲームたちのゲームデザインは語り尽くせないように思いますね。

桝田　それは、「おもてなし」みたいな話ですか（笑）。

――どうなんでしょうか（笑）。もちろん、日本のクリエイターの「おもてなし」も、もう少し言語化していいと思いますけれども。ともあれ、今日は本当にありがとうございました。最後にお伺いしたいのですが、さくまさんにとって『桃鉄』はどういう存在だったんでしょうか。

さくま　僕の生きてきた人生における、あらゆるものの集大成ですね。「週刊少年ジャンプ」や小池先生、漫画研究会、そういう全てが詰まって出来上がったものです。もちろん、おかげで大好きな旅行もたくさんできましたしね（笑）。

桝田氏・さくま氏

編集部より

この対談を終えて思うこと——それは、さくま氏の「手触り感」への強烈なまでのコダワリである。

それ自体は、前章の『ゼビウス』の遠藤氏にも共通するものだが、さくま氏の場合は、それが空前の部数に達した黄金期のジャンプ編集部で叩《たた》き込まれて、その後も自らに厳しく課し続けた「どんな子供でも遊べなければいけない」という、ある種の「倫理観」から生じたものであるのがとても興味深い。

それにしても、私たちが子供の頃に何気なく遊んでいた、あんな〝おバカな〟ゲームが、これほどの繊細な配慮と透徹したエンターテインメント観に裏づけられていたというのは、なにか不思議な感動を覚えはしないだろうか。

遠藤氏は「日本のクリエイターのゲームデザインは、欧米の30年先を行っている」と断言した。「普通の子」たちを集めてきて、その遊ぶ様子を徹底的に観察しながら、地道にアップデートを続けてきた『桃鉄』。それもまた、生半可な常識では測れない、ゲームデザインの奥深い世界にたどり着いた事例の一つではないだろうか。

第3章　１０００回遊べる『不思議のダンジョン』

第3章は、『不思議のダンジョン』シリーズを手がけてきた、スパイク・チュンソフトの中村光一《なかむらこういち》会長とディレクターである長畑成一郎《ながはたせいいちろう》氏に話を聞いた。

「1000回遊べるRPG」という衝撃的なキャッチフレーズで登場した『トルネコの大冒険 不思議のダンジョン』から、25年の時が経った。

パソコンゲームの名作『ローグ』のシステムを換骨奪胎し、親しみやすいキャラクターで『ドラクエ』ファンにアピールすることに成功した本シリーズは、現在も多くのファンを魅了し続けている。

そんな本シリーズのインタビューだが、スパイク・チュンソフトの中村光一会長にインタビューをお願いすると、「ぜひ本シリーズ開発者の長畑氏を同席させてほしい」との依頼が来た。

長畑氏はチュンソフトに経営企画の人材として入社しながら、『不思議のダンジョン』シリーズの企画を発案し、その後も長年にわたってこのシリーズを手がけているという人物である。しかし、中村氏が長畑氏の同席を依頼してきたのは、それだけが理由ではないようだ。というのも、この『不思議のダンジョン』というシリーズの、あの私たちが飽きもせず繰り返し遊んできた絶妙のゲーム設計は、長畑氏という一人の人物の職人的なある種の技能によって生み出されているらしいのである。

一体、どういうことなのだろうか――そう疑問を覚えつつ取材に向かった我々は、長畑氏の職人芸とでも言うべき数値調整のテクニックの数々を聞くことになったのである。「1000回遊べるRPG」の背後に秘められた、鬼のようなこだわりはいかなるものだったのか。長畑成一郎氏とスパイク・チュンソフトの中村光一会長に、その秘密を聞いた。

中村 光一（なかむら こういち）

株式会社スパイク・チュンソフト取締役会長。

1982年エニックス主催の第1回ゲームプログラムコンテストにて『ドアドア』優秀プログラム賞。1984年4月9日にチュンソフトを設立。主な作品に『ドアドア』『ニュートロン』『ポートピア連続殺人事件』『ドラゴンクエストI～V』『トルネコの大冒険』『風来のシレン』『弟切草』『かまいたちの夜』『街』。2018年11月29月にはプロデューサーとして、ドワンゴからスマートフォン用アプリ『テクテクテクテク』をリリース。

長畑 成一郎（ながはた せいいちろう）

株式会社スパイク・チュンソフト第二開発グループ管掌執行役員。

『トルネコの大冒険』『風来のシレン』といった『不思議のダンジョン』シリーズの企画・プロデュースを担当。『ローグ』をやり込んでいた経験から、ゲームバランスの調整にも携わった。

聞き手／稲葉ほたて、TAITAI、日詰明嘉
文／稲葉ほたて
カメラマン／増田雄介

――今日は『不思議のダンジョン』について話したいのですが、中村光一さんにご相談した際に、ぜひ長畑さんを同席させてほしいと言われたんですよ。

中村　ええ、長畑は僕の大学時代からの知り合いで、『不思議のダンジョン』シリーズに最初から関わっております。正直に言って、長畑なしには、あのゲームを作るのはかなり困難でして……。

長畑　いや、いや、そんなことはありません。確かに特殊なところはありますけれども。

中村　うーん、どうだろう（笑）。

――どうなんでしょうか……おいおい聞かせていただければと思います（笑）。そもそも、『不思議のダンジョン』はどういう経緯で作られたんでしょう。

中村　企画の最初から順を追ってお話しすると、当時チュンソフトは初のパブリッシャー作品である『弟切草』※をリリースした直後で、次作の仕込みをしていたんです。もちろん、サウンドノベルの新作も企画していましたが、他にも何か良い題材はないかと思って意見を募ってみたんです。そうしたら当時、経営企画室にいた長畑から「ぜひ『ローグ』をやりたい」という提案を受けたんです。

※『弟切草』　1992年にスーパーファミコンで発売された、チュンソフト初の自社ブランド作品。サウンドノベルシリーズの第一作でもある。その後のノベルゲームの隆盛に大きな影響を与えた。

長畑　私は中村と同じ大学にいたのですが、そこの研究室で『ローグ』※にハマってたんです（笑）。

※『ローグ』　ダンジョン探索型のコンピュータRPG。初版はUNIX上のライブラリで開発されて、1980年に公開されている。アスキー文字でグラフィックを表現している。インタビューでも後に語られるように、『ローグ』そのものは単にダンジョンを潜っていって途中で死んだらゲームオーバーになるというゲームである。

当時は、ちょうどRPGの元祖である『ウィザードリィ』や『ウルティマ』、そしてまさにチュンソフトの『ドラゴンクエスト』（以下、『ドラクエ』）がようやく出てきた頃でした。でも、あれはグラフィックが特になくてアスキー文字だけで全てが表現されていて、そういう中を歩きまわってダンジョンに入ってモンスターと戦うわけですよ。その見た目が何よりもまず新しく映り、やがてゲームとしての面白さに夢中になりました。

ところが、卒業後にゲームと関係のない業界でしばらく働いたあとでチュンソフトに入社してみたら、まだ『ローグ』がコンシューマーで出ていないと気づいたんです。そんな

スパイク・チュンソフト、中村光一会長（左）、ディレクター、長畑成一郎氏（右）

最中に先の社内募集があったものだから、真っ先に『ローグ』を提案しました。

——その時点で長畑さんは経営企画室の社員だったと聞きました。事務方の人がそういうゲームを提案してくる雰囲気が少々わからないのですが……。

中村　当時は、まだ会社も小さくて「みんなで作っていこうよ」という空気だったんですよ。とにかく集まったメンバーで会議をやって、「これ絵的にイケるの？　ちょっと聞いてみよう」なんて言って、いきなりデザイナーさんを呼び出したり……そんなノリの時代です。

長畑　で、聞き終わったら「もういいや。さあ仕事に戻って」とか言ってね（笑）。なんだか勢いのある時代でしたね。

一応言っておくと、現在のゲーム開発では、稟議《りんぎ》や予算を通していくプロセスを踏むのが普通ですし、スパイク・チュンソフトもそうなんですよ。でも、当時は中村が「面白い」と言えば、「やっちゃえ、やっちゃえ」という感じで、いきなりブレストに入ってしまうんです（笑）。作業分担も明確ではなくて、プログラマがディレクションも兼ねていたり、デザインの専門職なんて人もいなかったり……そういう今では考えられない話があり得た時代でした。

この企画が通ったのには、そういう背景もあったと思いますね。まあ、僕としては『ドラクエ』のようなＲＰＧに比較して、『ローグ』ならグラフィックの工数がかからなそう、という計算もありましたけど（笑）。

中村　実は『ローグ』という存在を知ったのはそのときだったのですが、僕としては「長畑が言うんだから、絶対に面白いはずだ！」という気分でした。というのも、長畑が「面白い」と言うゲームは、それまでビデオゲームに限らず、あらゆるジャンルで全て面白かったんですよ。
それで、さっそく『ローグ』を始めたのですが、これがもう……何が面白いのかよくわからなかったんです（笑）。

『ローグ』の面白さに魅せられた

中村　かなり長いあいだ、「長畑が言うのだから」と我慢していたんですよ（笑）。だって、まず『ローグ』って、アイテムを取ってもそれが何かよくわからないじゃないですか。いわゆる「未識別」の状態ですが、当時の僕からすれば「なんじゃこりゃ……」ですよ。
ところが、あるとき「未識別」の同じアイテムを二つ持っているときに、片方を使ったらもう一つのアイテムも識別されたんです。
その瞬間、「あ、このアイテムが何かわかったぞ」と思って、今度は意識的に同じアイテムを二つ溜《た》め込むようにしてみたら、もうどんどん進めるんです。そのときに、僕の中で「これは自分で戦略を見つけて、自分のスキルを高めて楽しむRPGなんだ」という理解が生まれたんです。

――まさに普通のRPGとは違う『不思議のダンジョン』ならではの面白さですね。

中村　ええ。『ローグ』はレベルが上がらないし、毎回死ぬたびにリセットされてしまう。

でも、プレイすればするほど、上手な戦略が見つかって巧《うま》くなっていく。しかも、ステージも毎回違うから、覚えたからどうにかなるものでもないので、ますますスキルが問われていく。ああ、このゲームは面白いな、と思いましたね。

そして、「ぜひこの面白さをコンシューマーの世界に持ち込んでみたい」と思うようになったんです。

――とはいえ、商業としては相当に挑戦的な企画ではありますよね。

長畑　まあ、僕は提案したものの、ここまで売れるとは思ってなかったですからね（笑）。

中村　えええ、そんなふうに思ってたの⁉（笑）

一同　（笑）

長畑　やっぱり、新しいゲームには常につきまとう問題なのですが、賛否が分かれていたんです。企画を出したときには、新規のシステムで勝負を賭《か》けるということに対して、「チュンソフトらしいね！」という声も出て、盛り上がったんですよ。

ところが、開発が進むにつれて、どんどん社内が戸惑っていくんです。しまいには、「これはイケる」「いやダメだ」みたいな話すらなくなり、みんな意見を言えないレベルになってしまった。もう当時は、胃が痛い毎日でしたよ（笑）。

――でも、長畑さんとしては、この面白さには自信があったわけですよね。

長畑　ええ。やはり、僕も『ローグ』の戦略の要素は面白がっていましたから。例えば、強い敵を遠ざけたいときに、弱い敵を自分の周りに固めてしまえば、強い敵からの攻撃は間接的に防ぐことができるじゃないですか。ああいうことを思いつくのが、本当に面白かったんですね。

中村　そうそう。あとは、自分のスピードが速くなるか敵が鈍足になると、叩《たた》いて一歩下がるのを繰り返せばノーダメージで敵を倒せてしまう、とかね（笑）。今となっては常識みたいなテクニックですが、それを自分で発見したときに「あ、そういうことか！」と感動した記憶があります。

――そういうテクニックって、実は『ローグ』が「同時ターン制」を採用した珍しいデジタルゲームだからこそ出てきたものかもしれないですね。

長畑　実際、私の考える『ローグ』の面白さは、相手の動きを鈍くして自分のターンを稼いでいくような面白さでしたからね。あのシステムからは、そういう戦略が次々に生まれてくるんです。

――ダンジョンRPG風の見た目なのに、まるでシミュレーションゲームのように、自らのスキ

ルを上げて、新しい戦略を開拓していく面白さがあるというか。

長畑　まさに、そうだと思います。ですから、『不思議のダンジョン』の開発時に考えたポイントの一つが、少しでも戦略の幅を広げられないかということでした。例えば、『ローグ』ではHPが無くなったときに、敵と出会ったときの対処法はほぼ定型化されていたんですね。それが、例えばアイテムを敵に投げて効果が出るようになると、まず自分のHPを回復する以外の選択肢が増えていきます。そういう戦略を見《み》出《いだ》せる仕様はかなり積極的に追加しました。

ただ、そういうターン制の部分での戦略を計算して楽しむのは、『ローグ』の楽しさの一部に過ぎないと思っています。実のところ、中村の言う「未識別アイテムが判明していく」ような面白さは当時の私にはあまりピンと来ていなかったんです。でも、今にして思えば、若かりし頃の私がハマっていた要素こそが全体のゲーム設計においては些《さ》末事《まつごと》だった気がしますね。

中村　でも、やっぱり『ローグ』の楽しさをとことん知り抜いてるのは、社内では長畑でしたからね。自然な流れで、彼が担当者になったと記憶しています。

長畑　第一作の『トルネコの大冒険』（以下、『トルネコ』）については、最初に別のスタッフが調整してみたのですが、上手《うま》く行きませんでした。そこで、『ローグ』をやり込んでいる私が数値調整をするべきだろうとなったんですね。

——どういうふうに調整されたのでしょうか？

長畑　まずは、紙に「このフロアでレベルがこのくらいの強さになればいいはずだ」という平均的な数値を書いてみたんです。次に、その数値を反映したダンジョンを作ってもらい、実際に潜ってみて自分のイメージと合っているかをざっくりと判断していきました。

こうやって作っていくと、今度はだんだんゲームがどういう場面で破綻《はたん》するのかが見えてくるんです。

例えば、あるフロアで無限に経験値を稼げたりする可能性が出てきたら、それを潰《つぶ》したりね。風が吹いてきて、強制的に下の階に降ろされる仕組みなんかは、まさにその問題を解消するために入れたものです。こういうことを、周囲のプレイの反応を見ながら地道に考えていくんです。

ローグのとっつきにくさ解消法――①『ドラクエ』を使う

――それにしても、実は、このインタビューの前に『ローグ』を改めてみんなでプレイしてみたのですが、本当に無骨なゲームですよね。おかしな言い方ですが、これをよく『トルネコ』にまで〝翻訳〟したなと思ったんです。

中村　やはり『ローグ』というのは、それまでのＲＰＧの概念を一から変えてしまう作品なんです。だから、どうすれば受け入れられるかは考え抜きました。

そこで、堀井雄二さんにお願いして、まずは『ドラクエ』を使わせていただきました。当時もう既に『ドラクエ』がＲＰＧの基本イメージとして確立していて、「〝くさったしたい〟は毒の攻撃をする」とか「〝やくそう〟でＨＰが回復する」というのは、説明なしでもわかるプレイヤーがたくさんいたんですね。この『ドラクエ』の持つ「共通認識」を使えば、このわかりづらいゲームの受け入れやすさがグンと上がるんじゃないかと思ったんですよ。

――なるほど。確かに、理解がスムーズですよね。タダでさえわかりにくいゲームですから、あ

りがたいです。

長畑　そういう部分で受け入れる敷居を下げていくのは、ゲーム開発においてとても重要です。

……でも、中村の今の言葉は、当時の実情をだいぶ綺麗《きれい》に言っている気がしますけどね。だって、実際には、我々にはそもそも『ドラクエ』しかIPの選択肢がなかったんですよ（笑）。あの当時、ゲーム業界の中では、チュンソフトなんて弱小もいいところでしたから。じゃあ、『ゼルダ』を使えるのかと言ったら……。

中村　……うーん。まあ、確かにそりゃ無理だったよね（笑）。

――（笑）。でも、たった1枚しかないけれども、手にしていたのは最強のカードだったとは言えますよね。

長畑　やはり『ドラクエ』の世界観がなかったら、このゲームは箸《はし》にも棒にもかかっていなかった可能性は高いです。あんなに売れるとは思ってもいませんでしたから。本当に「さすが『ドラクエ』！」という感じでしたね。

――ちなみに『ドラクエ』のなかでもトルネコというキャラクターを選んだのはどうしてだったんですか？　そんなに人気があったように思えないのですが。

長畑　うーん、全く人気がなかったわけではないけど……。

中村　ちょっと変わった存在だよね、という意味での人気だったと思います。毎回、何かしらの道具を使うので、「道具の達人」というイメージで行くなら、やっぱりトルネコだろうなと思いました。

長畑　このゲームは、格好をつけてバッタバッタと敵をなぎ倒して行く類《たぐい》のものではないんです。アイテムをやり繰りしていて妙にせせこましいし、そもそもアイテムを使うこと自体が他力本願にも見える。しかも、時には逃げるし、ダンジョン内ではしょっちゅうヘンテコな死に方をする（笑）。

そういう意味で、格好いい勇者よりは、コミカルなキャラの方が似合ってるんです。『トルネコ』のあとに、シレンというキャラクターに行き着いたのも、その辺のニュアンスを考慮してのものです。

――でも、シレンの見た目は、コミカルというよりはクールな印象がありますよね。

長畑　見た目については、「木枯し紋次郎」を意識した影響ですね（笑）。ただ、顔を隠して表情を見えないようにしてしまったのは、クールな印象が強くなりすぎてしまったし、演出も弱くなってしまったので、大きな反省点です。実際、その後のシリーズでは、三度《さんど》笠《がさ》を背負って顔を出すようにしています。
まあ、インタビューですからこんなふうに話していますが、当時のことを思い返すと色々と至らない部分は多いんですよ。チュートリアルも、今から見ればずいぶんと不親切ですからね……。

中村　「説明書を読んでおいてね」という想定で作っていた時代でしたね。そもそもチュートリアル自体が、ほとんどのゲームになかったですし。

長畑　当時はメモリが少なかったのもあるんですけどね。チュートリアルを入れるくらいなら、少しでもゲームを面白くする方向にコストをかけようという空気はありましたね。

ローグのとっつきにくさ解消法——②手触り感を徹底的に高めた

——『トルネコ』に話を戻しますが、『ドラクエ』を取り入れて企画面での敷居を下げたのと同時に、ゲームそれ自体がかなりの工夫の産物であるように思うんです。

中村　『ローグ』のとっつきにくさの敷居を下げようとするうちに、色々な要素が付加されていきましたからね。

例えば、堀井雄二さんから「〝未識別〟という概念をいきなり理解するのは難しいよ」というアドバイスをいただいて、未識別アイテムはクリア後にプレイする「もっと不思議のダンジョン」の方で大きく扱いました。村にお店を置くことで、ダンジョンにアイテムを持ち込めるようにしたのも大きな変更点です。あれで、だいぶ広くプレイしてもらえる素地ができたと思うんです。

長畑　操作性についても、PCと比較してかなり向上したと思います。

企画段階から、スーパーファミコンのコントローラーを使えば、Bダッシュでの移動ができるだろうし、ウインドウを開いて道具を使うのもスムーズになるだろうと期待していましたが、思った以上に色々な工夫ができました。

――以前、ニコニコ自作ゲームフェスの選考会で、中村光一さんからBダッシュの気持ちよさに徹底的に拘《こだわ》ったという話をお伺いしました。

中村　（略）例えば「不思議のダンジョン」のシリーズで、僕はBダッシュでマップを回れるスピード感とアイテムを選ぶ際の速度に、もう徹底的にこだわり抜いたんです。特にシリーズ初期は、そうでした。

TAITAI　ゲームの〝手ざわり感〟みたいな部分のお話ですよね。

中村　そう。コンピュータゲームは中身のルールも大事だけど、まずは触っているだけで気持ちいいことが重要なんです。それまでのローグ系のゲームで、あれほど高速でダンジョンを進む作品はなかったと思います。でも、あのゲームを繰り返し遊べるのは、ガーッとスピードを上げて走り回るのが気持ちいいからなんですよ。もしあれが、必ず一歩一歩進んでいたらと考えてみてください。とても何回もプレイできない。もちろん、これはルールのような内容の面白さとは別の話ですが、やはりゲームには求められるんですね。

（「ドラクエ開発者、ファミ通元編集長、シュタゲ作者が5時間に及ぶ激論」より）

長畑　ダッシュの際に、キャラが移動する間のスクロールを全部カットしたんですよね。

中村　マップ上では点が動いているのですが、動いた結果は止まったときに画面に反映されるんです。最初はキャラクターがスクロールする動きも作ってみたのですが、どうしても遅さのようなものを覚えて気持ち良くなくて、この見せ方にたどり着きました。この動きであれば、移動の気持ちよさだけで遊び続けられるんです。

――『不思議のダンジョン』をプレイしている人ならば、共感できる気がしますね。これはもう単に操作性を向上させただけに留《とど》まらない、ほとんど病みつきになるような新しい気持ちよさですよね。

長畑　他にも、レスポンスの良し悪しについては、かなりこだわっています。

例えば、ゲームでは一般的にウインドウが開くところにアニメーション演出をよく入れます。スーパーファミコン版の『トルネコ』や『シレン』ではアニメーションは採用していません。

というのも、このゲームのプレイヤーはウインドウを見たいのではなくて、例えば「イオの巻物」というアイテムの文字を見たいんです。それも、自分の頭の中でやりたいことが決まっている状態だから、すぐに表示して欲しいはずなんです。だから、もうなるべく速く表示できるように工夫しました。そこに時間を掛けてしまうと、いかに美しいアニメーション演出を挟もうとも、やっぱりストレスになってしまうんです。

――アニメーションを入れないというのも、中村さんのBダッシュに通ずる、バッサリとした〝編集〟ですね。

長畑　この辺は徹底的にやっていますね。剣を振るアクションについても、常に何フレーム以内というのを決めているんですね。

中村　結局、これは繰り返すことが前提のゲームなんですよ。そもそも同じダンジョンを何回も繰り返して遊ぶし、実際のプレイもBダッシュで動いては戦闘して、下へ降りていくことの繰り返しでしょう。とすれば、その繰り返しをどれだけ苦にさせないかが重要になるんです。手触り感のテンポの心地よさが上手く作れていることは、そこでかなりのアドバンテージになるんです。

長畑　そういう意味では、スーパーファミコンはSRAM※というメモリを使っていたせいで、すぐに電源がブチッと切れたのも良かったですね。しかも電源を入れたら、すぐにゲーム画面になるでしょう。あれは結果的に、〝ゲームをプレイするという行為〟そのものに、ユーザーのテンポ感を生み出せていましたよね。

※SRAM　Static Random Access Memory（スタティックランダムアクセスメモリ）のこと。記憶保持のための動作が不要な半導体メモリ。ただし、電池がなくなると記憶は失われる。

ローグのとっつきにくさ解消法――③半透明ウインドウの活用

長畑 一方で、操作系という点では、ＰＣにはないデメリットも出てきたんですね。『ローグ』はＰＣだったので、ショートカットキーで様々な機能を使えばよかったんですよ。ところが、コントローラーとなるとボタンが限られてくるので、インターフェイスの工夫が必要です。ＲＰＧと同様に、ディスプレイ上にウインドウを表示してカーソルで選択させる形式にしましたが、どこに情報を配置するのが最適なのかはかなり試行錯誤しましたね。

中村 一つありがたかったのは、スーパーファミコンには半透明機能があったことです。

そこで、画面の上にマップを重ねて、ダンジョンを同時に見ながら進行できるようにしたんです。レイアウトも工夫して、表示されるマップはキャラクターに被《かぶ》らないようにしました。よく見るとわかるのですが、キャラクターが表示される真ん中の部分には、絶対にマップが来ないんです。

――（実際に画面を見ながら）本当だ！　いや……長年遊んできましたが、全く意識していません

でした……。

長畑　そうなんですよ（笑）。あまり意識されないところだとは思いますけどね。

中村　こういう半透明機能の使い方は、たぶんスーパーファミコンのタイトルでも初めてだったと思います。

半透明機能は他にも色々と役立ってます。このゲームは大量のアイテムを何回も見る必要があるのですが、アイテム欄を見る際にダンジョンの様子が同時に見えていると、アイテム選択がとても楽になります。もし黒塗りにしてダンジョンが完全に隠れていたら、自分の置かれている状況を正確に記憶したまま、アイテムを探しに行かなければいけない。これは、かなりのストレスですよ。

――確かに。ちなみに、ずっと昔から気になっていたのですが、満腹度って凄《すご》く重要なパラメーターなのに、なぜゲーム画面に表示されていないのでしょうか？

長畑　満腹度の表示場所には、大変に困った記憶がありますね（笑）。最終的には、できるだけ画面の上の部分はシンプルにするべきだろうと考えて、載せない判断をしたんですね。

中村　あと、「満腹度」というのは空腹ギリギリの5％くらいになって、初めて重要になる値じゃないですか。そうなると、実はゲームをプレイしているほとんどの時間では不要なんです。だから、危険になってきたら警告を出せばいいだけだと思ったんです。

——なるほど！　でも、空腹具合を警告だけにしたのは、プレイヤー目線では妙にリアリティがあった気もします。だって、現実の我々の人体が感じる順番も、空腹感に気づいたときには既に空腹になっていて「なんか食べなきゃ」と思う……という感じじゃないですか（笑）。

中村　確かに！　そうかもしれない（笑）。

ローグの翻訳における謎

——ただ、面白いことに、これだけ世界観を受け入れやすくするために、徹底的に工夫している一方で、『ローグ』の基幹となるシステムについては、ほとんどいじっていないですよね。

中村　ここまでお話ししてきたように、当時のローグ系のシステムに付け足したことは多いんですよ。一方で、ローグ系のシステムから『トルネコ』にするにあたって捨てたものは……大きなものではダンジョン内のお店くらいじゃないですか。

長畑　それは世界観の問題でしたからね。『シレン』はダンジョン内のお店から泥棒がで

中村氏

きますが、さすがに「世界一の武器商人が泥棒しちゃいかんでしょ」という話になったんです（笑）。

中村　ただ、『ドラクエ』の世界観をかぶせて『ローグ』が圧倒的に受け入れやすくなった分、その裏返しとして、レベルが戻ってしまう〝不思議のダンジョン〟なのだという説明が必要になった面はありますね。

――そもそも実は『ローグ』って、アーケードゲームのように、単にゲームオーバーになったら一からダンジョンをやり直すだけなんですよね。

中村　『ドラクエ』はストーリーの中で表現する以上、ダンジョンがいくつも登場してくるので、プレイヤーの体験は「毎回ゼロからやり直す」という行為になってしまうんです。実際、堀井さんから「これは、ゲームが苦手な人にはあまりに厳しい」というアドバイスをいただきました。そこで取り入れたのが、トルネコが道具を持ち帰ってお店を大きくしていくという、育成ゲームの要素です。

ちなみに、他にも堀井さんからは「最初は素手じゃなくて、何でもいいから武器を持たせるのが大事なんだ」みたいな、大変に含蓄のある言葉などもたくさんいただいて、ゲームに活《い》かしましたね。

――ただ、やっぱりわかりにくさは残ってしまいますよね。

長畑　ゲームを説明しやすくなった面はありますよ。「死んだら何もなくなるＲＰＧなんです」「えっ、そんなにひどいゲームがあるの？」となるんです（笑）。

一同　（笑）

――確かに、あまりにショッキングなので「とりあえず話を聞かなきゃ」と思いますよね。

長畑　当時からそこは中途半端にオブラートに包まずに、「レベルは１からです。アイテムも消えます」と、もうスッパリと誤解なく打ち出していこう、という雰囲気でしたね。

中村　それに、当時の僕たちが考えた『ローグ』の面白さというのは、何回も遊べることだったんですね。ダンジョンやアイテムの配置も毎回違うし、最初に拾うアイテムが何かもわからない。でも、スキルと戦略が自分の中に育っていけば、どんどん楽しみが広がっていく。レベルを残してしまうことは、その面白さを邪魔してしまうから、やっぱり取り入れられませんでした。

――色々と面白くする工夫をしてきたけれども、それも全ては『ローグ』にお二人が感じられた面白さをプレイヤーに届けることにあったのだ、と。でも、これだけの熱意と工夫があっても、社内では厳しい目にさらされていたというのは悲哀がありますよね（笑）。

長畑　アイテムがなくなるわ、レベルが1に戻るわ……というゲームデザインに対する抵抗感は実に大きかったですよ。それまでゲームについてアツく語っていたスタッフたちが、徐々に「いや、他の仕事で忙しいんで……」なんて言い出すようになったのを覚えていますす（笑）。最後の方には、「これ、本当に面白いのか？」という空気になっていましたね……。

まあ、その時点でも僕は面白さには自信があったのですが、売れるかどうかという点では胃が痛かったのは間違いないです、はい。

――中村さんはどうだったんですか？

中村　私は『ローグ』というゲームの面白さを確信して作り始めたので、自信は持っていましたよ。もちろん、なかなかこの面白さにピンと来ない人たちに、どう届けるべきかは考えていましたが。

――結果的には、お客さんにはお二人の感じていた『ローグ』の面白さは伝わったわけですよね。

中村 でも、ずいぶんとグラフィックのコストは掛かってしまいましたけどね。「あれ、こんなはずじゃなかったぞ」みたいな(苦笑)。

長畑 ちょっと当初の想定とは違っていましたね(笑)。ダンジョンのグラフィックを作りこむのは当然考えていたのですが、やっぱり地上のグラフィックもしっかりと作りたいし、そこにトルネコの家が大きくなる要素まで入れると、今度はシナリオも必要になるわけです。そうやって面白さを詰め込んでいると、どんどんコストが跳ね上がっていくんです。

中村 それに、実は『トルネコの大冒険』が出るまで、『ドラクエ』のモンスターのグラフィックは正面の一枚絵だけで、後ろ姿がなかったんです。動きのイメージも、テキストメッセージから想像してプレイヤーが補っていました。だから、公式に描くのはこのゲームが初めてで、堀井さんや鳥山さんにだいぶ確認をしました。

長畑 普通のRPGの立ち絵では見えない部分を、しっかり8方向の動きから作りこまねばならないんです。『ローグ』は「@」のようなアスキー文字がただそのまま動いていくだけなので、ついコストが掛からない気がしてしまったというだけだったんですね（笑）。

——ただ、『不思議のダンジョン』の良いところって、そういう普段は想像力で補っていた部分が、グラフィックで見えるところにもあると思うんです。やっぱり、プレイヤーとしては嬉《うれ》しいですよね。

エクセルシートでデータ管理!?

——『トルネコの大冒険』の誕生秘話をひと通りお伺いしたところで、お二人に『不思議のダンジョン』シリーズのゲームデザインについてお伺いしてみたいんです。実は本シリーズのテーマの一つが、日本のゲームクリエイターに日本の開発者ならではのゲームデザインを聞いていくことなんですよ。

中村　なるほど……。これは思いつきくらいに聞いてほしいのですが、海外のゲームがリアリティを大事にしているのに対して、日本人は記号的な表現が得意だなという印象は持っていますね。漫画やアニメにも言えることかもしれないですが。

――まさにそういうお話を伺いたいのですが、改まって聞くと皆さん、「なんとなく頑張って調整して作っているだけだからなあ」という返答になってしまうのも事実でして……（笑）。

長畑　でも、「なんとなく」というのは、私もそうですよ。

例えば、『不思議のダンジョン』って、アイテムやモンスターのデータをエクセルで管理しているのですが、私はそのデータ表を見ればどういうゲームになるか、ある程度まで判断がつくのです。でも、それって「なんとなく」としか言いようがないんですね……。

中村　それ、ウチでも長畑さんにしかできないんだよね（苦笑）。だって、何千列もある表ですからね。

――えっと……。まずエクセルで管理されているのに驚くのですが（笑）、それはともかく何だか凄いことを聞いた気がしておりまして、詳しくお伺いさせていただけますでしょうか。

長畑　いやいや、大したことじゃないんです。

ただ、ゲーム開発というのは、なかなか時間がないものなんですよ。そこで、ウチにはエクセルに「こういうアイテムやモンスターが出る」という基本になる表がありまして、それを数字をいじったりして、並べ換えていくんです。そうすると、大体こういうゲームになるんじゃないかと頭のなかでわかるので、あとはゴリゴリと納期に向けて作っていくんです。

――……表を見るだけでわかるものなんですか？

中村　だから、それは長畑さんだけです！（笑）

長畑　（苦笑）

うーん、でも数字があって、大体これくらいの確率があると表に書かれているわけで、なぜわからないのかと僕は周囲に聞きたいくらいなんです。「説明しろ」と言われても困るという話で……。まあ、もちろん完成形まで完璧《かんぺき》に見通せることはなくて、調整の作業はもちろん大事ですから、そこは勘違いしないでいただければと思いますが。

――それは、あるときに開眼したんですか？　それとも最初からですか？

長畑　最初からそうだったと思いますよ。特に最初の方は、データ量が少ないじゃないですか。増えてくると徐々に大変にはなってきたのですが、『風来のシレン2 鬼襲来！シレン城！』（Nintendo 64・2000年）くらいの辺りで、データ量が多いことに頭が慣れてきたんです。それで、「まだ行ける！　まだ行ける！」という感じでデータを増やすのに対応してきました。

――『シレン』って、一つでもピースが間違っていたら成立しないゲームで、トータルの完成度

が他のゲーム以上に問われるはずなんです。なので……繰り返し聞いてしまって恐縮なのですが、「なぜこのゲームで、それができるの？」という謎がありまして。

長畑　いや、ですから秘密も何も……（苦笑）。

中村　うーん、これはもう長畑さんの凄さだと思うんですよ。

長畑　もちろん１００％隅々までわかるというわけではありませんよ。私は、別に計算が得意な人間ではないんです。

ただ、並んだ数字を見れば、そうですね……７～８割ぐらいで、ダンジョンの難易度やどこにアイテムを置くべきかがなんとなくわかるわけです。そこで、ゲーム開発をする前にひな形になるエクセル表を僕が仕上げて、それを調整していくわけですね。

――……ふむ。

中村　まあ、そういう感じですから、長畑さんに何かがあったら、もう『不思議のダンジョン』は作れないんですよ（笑）。

一同　（笑）

長畑　いや、いや！　買いかぶりすぎですよ。やってないと時間がかかるだけです。慣れにすぎません。

中村　まあ、１００倍くらいかかりそうですけどね（笑）。これについては、本当に凄すぎるんです。

――長畑さんのこういう能力って、他の場所でも使われていたりするんですか？

中村　長畑は大学時代から、競馬が好きなんですよ。確か、自分が始めてからのＧ１レースのゴール前は全部記憶にあるという話があったよね？

長畑　いや、いや、さすがにそれは昔の話ですよ。当時は、どの馬が勝ったかだとか、その勝ち方だとかを覚えていましたが、それは特に凄いことではないです（笑）。

乱数の調整について

――もはや、日本のゲームデザインの謎というよりも、単に長畑さんの〝脳の謎〟のほうにみんな注目し始めているので、もう少し理論的な話題にしましょう（笑）。例えば、以前にインタビューした『桃鉄』のさくまあきらさんが、人間の体感値を踏まえた確率計算を野球の打率のアナロジーを使って、かなり細かめに出しているという話をされていたんです。まさに、このゲームもそういう部分が重要だと思うんです。

長畑　ああ、そういう話で言えば、このゲームを開発していると、実は人間の感覚がいかに実際の確率とリニアに対応していないかを痛感しますね。

例えば、「10％で起こる」という数学的な確率と、「このアイテムって10％くらいの確率で出るよね」という体感での確率は違うんです。これは場合によってバラバラなのですが、5％にするとそう思ってもらえるときもあれば、15％にしてやっとそう思ってもらえる場合もあるんです。

――体感値としての10％を設計するためには、本当に10％にするのではなくて、少しズラすのが大事になってくる、ということですか。

長畑　具体的な作業で言うと、「10％くらいでイベントが出る感じを出したいな」と思ったときに、そのままの数字では物足りないと感じれば、徐々に上げていくわけです。

ここで面白いのが、例えば15％にしても19％にしても特に変化が起きていないように感じるのに、20％にした瞬間に「あ、出方が変わったぞ」となることがあるんですね。どうも人間の確率に対する感覚というのは、階段状に作られているように思えますね。その辺の感覚値は、長年の経験で他の人よりもだいぶ溜まっている気がします。

中村　たぶん、大抵の人は10％という数字を、10回に1回起きることだと理解してしまうんです。

でも、数学上の10％というのは、違うでしょう。例えば、5回目で出たあとに、何十回も出ない状態が続いて最後にドンドンドンと出てきたとしても、確率的には10％で正しいというのはあるじゃないですか。でも、人間の感覚は、それを10％とは受け入れがたいんですね。

長畑　ええ。ですから例えば、「5回目までで起こらない確率が半分」というくらいの感じで作ると、上手く10％に感じられたりするわけですよ。

この辺の人間の確率をどう捉《とら》えるかは、色々なコツがあるんです。例えば、仮にある武器の命中率に85％と90％の差をつけたとしますよね。これは、単に5％しか差をつけていないのですが、プレイヤーは大変に大きな差を感じてしまうんです。それって凄く不思議に思えますが、逆にこれを「命中しない確率」だと思ってみて欲しいんです。

――あっ、10％と15％で、1・5倍になる。これは、かなり大きな違いですね。

長畑　そうなんです。そして、このタイプのゲームで記憶に残るのは、上手く行かなかったときなんですよ。こういう人の感覚に対する理解は必要だと思いますね。

――それは、テスターさんの意見などから判断して調整されているんですか？

長畑　どうもプレイヤーの感想で、際立ってアイテムが「出やすい」とか「出にくい」とかの感想が出てくるポイントがあるんです。それが我々の実際に入れている確率と、どうもズレているし、一方でなにか同じ傾向のズレ方をしているんですね。これがずっと続いてきたことが、こういう話を考えるきっかけになりました。

——そういう話でいうと、『不思議のダンジョン』では、よく「やけに食べ物がなかなか出ないぞ」とか「10階まで来たのに武器がまだ出ないじゃんか」という思いを抱くことがありますね。

長畑　まさにこういう話を逆に利用して数字をいじるときもありますよ。つまり、出やすいと感じないギリギリのところで確率を調整するんです（笑）。「凄く出るようになったぞ！」と感じるほどではないけど、「元々よりはちょっとは出やすい」という辺りの確率を狙うんですね。たった数％の違いだったりするわけですが、これが毎回違うプレイ感を出すのに効果的な場合があります。

——さくまあきらさんは、『桃鉄』を作る際に「野球の打率を参考にして、3割打者と2割5分の打者の差みたいな体感を参考に数値を入れている」とおっしゃっていたのですが、まさに数％の差が重要になったりするんですね。

長畑　実際のところ、テストプレイを１０００回単位でやらせてみると、ある１％を境にプレイヤーの「当たりやすい」「外れやすい」の評価が切り替わることはザラです。例えば、これは大事なノウハウでもあるので値は伏せていただきたいのですが、「○○」についての数字なんて、○○・○％の確率の辺りに最適解があって、そこから少しでもズレたらプレイヤーから「多すぎる」「少なすぎる」と苦情が来始めるとわかっています。

――……そんな精度で調整しているのですか。

長畑　『シレン』の話でいうと、アイテムを投げて当たる確率と剣が命中する確率は、実際に設定された数字では数％しか違わないんです。でも、ゲームをプレイしていると剣はほぼ外さない安心感があるのに、アイテムを投げて外れることは多い気がするでしょう。

――まさに、さっきの「命中しない確率」の話ですね。剣に比べて矢は外れやすい、という印象でしたが、実際はそんなに数値上の差はない、と。

長畑　そうなんです。ゲームのデザインとしては、遠くから矢が当たりすぎてしまうと、近くで剣を振るう間もなく倒してしまうので、面白さに欠けてしまいます。だから外れやすくするんですが、そこで外し過ぎても面白くないし、ストレスになってしまう。そのときに必要なのが、「感覚的に外れやすいと感じる値」なんです。

ちなみに、アイテムを投げて当たる確率を１０００回単位で統計を取ると3回連続で外すことがわりと起こりうる値なんです。これが剣の方になると、それは計算上まず起きづらくなるんです。たった少しの差なんですけどね。

——確かに、3回連続外すというのは、相当に引きが悪く思えますね。

長畑　そう。で、そんなふうに3回連続で外れることが1日のうちに1回起きるだけでも、強く印象に残ってしまう。こういう部分をうまく調整しておくと、「肝心なときにアイテムや矢を使うのを避けてしまう」みたいな心理が生まれて、そこがゲームデザインの妙になったりするわけです。

——それによって、プレイヤーが消極的な行動を取るであろうという予測を、ゲームデザインの中に盛り込んでしまう、と。

長畑　そうです。

例えば、「次のターンに殴られるとゲームオーバーという状況で、果たしてユーザーはアイテムを投げてくるのか」というのはゲームデザインを考える上で、かなり重要な問題です。でも、僕らはこの辺りのユーザー心理に対して感覚値を持っていますから、本当は投げた方がよい場面でも、きっと「いやいや、絶対無理……」となってしまうんだろうな、と予測できるわけですね。

――聞きながら『ファイアーエムブレム』※を思い出していたのですが、あのゲームも98％の攻撃で外すことが結構ある印象なんですよね。

※『ファイアーエムブレム』　任天堂から発売されているシミュレーションロールプレイングゲーム（SRPG）。各アイテムに命中率が記載されている。

長畑　ああ、そうですよね。こっちは確率の数値は公開していないのですが、１回の探険で剣を振る回数が１０００回を超えることなんてザラですから、そこから体感値が生じてくるのだと思います。

――ちなみに、長畑さんは他のゲームをやっていても、そういう数値のトリック感が見えたりするものですか？

長畑　いやあ、ほとんど見えないですね（笑）。

この辺の数値はゲームごとに最適な値が違うから、何か法則のようなものを見出すのは難しそうです。ただ、そういう工夫というのは、どんなゲームでも絶対にあるはずだと思います。

ゲームにとってのストレスとは？

――しかし、こういう確率のような話は本当に面白いですね。実際の確率と体感の確率の差へのこだわりは、ギャンブラーならではの発想かな……と思ったりもしましたが（笑）。

長畑　それは、あるかもしれないですね（笑）。あと、確率といえば、「必中の剣※」というものを入れたことがありました。まあ、あれはゲームが単調になってしまうので、反省したという例ですけれども……。「これさえあればクリアできる」という安心感を作ってみたのですが、やはり『不思議のダンジョン』の大事な部分を壊している気がしました。その後は、「必中」に相当するものはゲームを一度クリアするまでは、出さないようにしています。

※必中の剣　武器攻撃が必ず命中するようになる剣。『シレン』や『トルネコ』で登場した。

――そこはぜひ、もう少し詳しく聞いてみたいです。いま、プレイヤーにストレスをかけさせない設計のゲームが増えてますよね。ただ、一方でゲームにプレイヤーが求める面白さには、絶妙なストレスを味わいたいという気持ちもあるはずなんです。その意味で、『シレン』はその最高

峰にあると思います。

長畑　RPGというジャンルは、時間をかけて努力して、盤石なところに自分の塔を積み上げていく楽しさがあるんです。でも、このゲームの場合にはレベルがすぐに戻ってしまうわけですから、その土台が非常に危ういんです。だから、「こんな場所で積み上げさせるな」という意見はもっともだし、一方で「いや、こういう氷の上みたいなキワドいところで積んでいくのが面白い」という意見もあるということでしょうか。

――そういう視点で興味深いのが、中村さんが以前、雑談で「『トルネコ』に入れられなかった要素を『シレン』に入れた」というお話をされたときに、「壺《つぼ》のシステムが大きかった」とおっしゃっていたことなんです。

中村　ゲームというのは、自分自身やアイテムそのものがちょっとでも成長したり蓄積していく要素がないと、長く続けられないんですね。

そういう意味では、壺に入れてアイテムそのものを変化させられるようにしたのは、その要素の幅を上手く広げられた気がしています。『ローグ』にはなかった要素ですが、これがゲームシステムに与えた影響はかなり大きかったはずです。

――しかも、あの壺があることによって、何かサバイバル感のようなものが高まったんですよ。

「保存の壺」※に、何か大事なものをしまいこんでいたのに転んでしまう……とか、よくあるじゃないですか（笑）。

※保存の壺　アイテムを出し入れできる壺。通常の壺はアイテムを取り出すと割れるが、この壺の場合には割れない。

長畑　あの「保存の壺」が与えた影響は面白かったですね。効果としては、単にウインドウ枠が広がっただけなのですが、毎回のゲームで持てるアイテム数が大きく変動するようになったでしょう。しかも、転ぶと割れる（笑）。

元々は、「ダンジョンで所有できるアイテム数が少なすぎる」という問題意識から出てきたんです。でも、そこで単にウインドウを増やすのではなくてアイテムで解決したところが、ゲームらしいというか我々チュンソフトらしいと思うんですね。一気にゲームの作戦や戦略が変わってきました。

それに、そもそもウインドウを1枚増やしたところで、アイテムが一杯になるストレスはどこかでやってきますからね。

——確かに！　ゲームデザインの一部へと昇華することで、「多くのアイテムを持てない」というストレスが、逆に戦略の問題に変わったというわけですね。こういうストレスに対する納得感

の作り方というのは、面白いですね。

長畑　「納得感」というのも大事な要素ですね。そういう意味では、罠《わな》※なんかは気をつけてます。

罠なんて、部屋のマス目を全て数えても５～６個ですから、確率的にはほとんど踏まないはずなのに、やはり一度した苦い体験は覚えているものです。ただ、やっぱり理不尽さがあるのは否めないんで、剣を振ると罠が見えたり、アイテムとして目薬草を作っておいたり、という回避策も同時に投入しました。

※罠　『不思議のダンジョン』では、ダンジョンを移動中に突然「地雷」や「落とし穴」などの「罠」が登場してくる。

――さくまあきらさんは、キングボンビーについて、「ボンビーを他人になすりつけられなかった負い目があるから、プレイヤーがあんな理不尽なものを受け入れてしまう」という話をされていたんです。納得感を作るために避け方を用意しておくのは、一つのコツなんでしょうね。

中村　まあ、想定していない「意地悪」もあるんですけどね。僕は、初めて「合成の壺」を割ろうと思ったときに、「遠投の指輪」を使っていたせいで、割れなかったことがあったんです。もう真っ青になって、「バグを見つけてしまった」と報告に言ったら、「あ、これは仕様ですね」と言われたんです（笑）。

長畑　まあ、「文句を言われる可能性があるなら、罠なんてやめればいいじゃん」と考える人もいると思うんですが、ああいう意地悪な仕掛けで適度に刺激や不安を与えていくのも、単調さを回避するためのゲームにおける大事な手法なんです。一つの面白さの軸でしか楽しめないゲームなんて、やっぱりつまらないですしね。

でも、そういう「理不尽」をメインには据えないように気をつけています。ボスを倒すのにそういうものを乗り越えていくのはしんどいです。あくまでもサイドのお遊びにそういうスパイスがあって、メインにはそのゲームの奥深い難しさがある、というのが正しいと思っています。

――そういう奥深い難しさを楽しんでくれるような、明らかに上手なプレイヤーさんがいるのも『不思議のダンジョン』の凄いところですよね。

長畑　ええ。私もリリースされた瞬間だけは、たぶん日本で最も上手なプレイヤーだと思いますが、きっと数時間後には彼らに抜かれていますね（笑）。

ちなみに、『不思議のダンジョン』が上手なプレイヤーは、一言でいうと積極的な人ですね。やはり道中でトラブルが発生するのは避けられないゲームなので、「順風満帆では

長畑氏

ない旅」を楽しめるような前向きな性格で、自信を持って進められる人のほうが全体的に上手だと感じています。

――「自信」ですか。

中村　そこだけ聞くと、スポーツ選手みたいだよね（笑）。

長畑　ただ、その自信というのは、繰り返してプレイする「慣れ」が生む面も強いと思いますよ。

アイテムの使い方やモンスターハウスの対処法など、そういうスキルの積み上げが大事なんです。実際、先ほどの確率の体感値の話なども、繰り返してプレイしていくと実際の確率の値を肌で覚えていきますからね。それに対して、自信がない人はプレイが消極的なんです。そして、その経験量の積み重ねの差が開くうちに、どうにも追いつけなくなっていくんです。

だから、最終的には「自信を持っている人」という回答になるんです。実際、一度最後までクリアすると、急に上手さが一段上がるのをしばしば見かける気がします。

――本当にスポーツ選手みたいですね（笑）。

長畑　ただ、「引きの良さ」の問題だけはありますけどね。確率を決めている自分が言うのも変ですが、このゲームに対して明らかに運が良い人間と悪い人間はいます。これは理屈では説明がつかないけど、どうしようもない（笑）。

――麻雀《マージャン》なんかで「運」の存在を感じる人は多いと思うのですが、こういうゲームでもありますか。

長畑　実は、このゲームのメイン開発プログラマのうちの一人が、もうビックリするくらい引きが悪いんです。でも、おかげでバグチェックに大変に役立っています（笑）。

『不思議のダンジョン』がゲーム実況で人気の理由

――近年、ゲーム実況でも『シレン』は人気が高いんですよ。先日、有名なゲーム実況者の人にお会いした際にも、「スパチュンさんには、『アスカ見参』※を何とか再販してほしいよね」なんて言われたりして（笑）。

※『アスカ見参』『不思議のダンジョン 風来のシレン外伝 女剣士アスカ見参！』（ドリームキャスト/Windows・2002年）。

長畑　『アスカ』をいまだに遊んでいてくださる人が結構いるらしいとは聞くんですね。ありがたい話です。それにしても、ゲーム実況で人気というのは初めて聞きました。

――実況者の人たちに「『シレン』がいかに実況向きのゲームか」を聞かされたことは、何度もあります。まずランダム要素が強いから、何回でも楽しめる。しかも、罠のような理不尽さも適度にあって、みんなで笑いあえる。その上、中村さんがおっしゃっていた「自分自身のスキルを上げていくところ」があるから、人によってプレイが個性的になるんですね。

中村　そういう意味では、このゲームは他人がやっているのを見るのがとても楽しいゲームだとは思いますね。不思議なくらいに不幸が連鎖したりするじゃないですか。この「やってしまった感」というのが楽しいですよね（笑）。

――モンスターハウスで実況者が慌てているというのが、定番の見どころですからね。あと、こ

のインタビューの準備をしながら、編集部で「風来救助隊※」ってネット向きだよね、という話をしていたんです。

※風来救助隊　『風来のシレン』をプレイしている友達に、Wi-Fiや通信ケーブルを通じて救助を頼める仕組み。

中村　そうそう、そうです。当時、ちょうどインターネットっていうものが流行《はや》り始めた頃で、パソコン同士でメッセージの交換が始まっていたんです。

長畑　iモードの『シレン』でもそういう機能を使って、プレイを再現していましたね。元々は、こういう難しいゲームを好きな人ってなかなか人に自慢する機会がないので、「俺はこれだけ凄いことをやったんだ」と見せびらかしてもらうために考えたんです。ただ、やっぱりゲームとしての面白さに結びつけたいので、人を助ける行為によって表現してみたんです。

中村　この開発で面白かったのが、基幹プログラムの設計が少し変わった形になっていたおかげで、機能を入れられたことなんです。

実は、このゲームのプログラムは1ターンずつの情報を全て覚えている仕組みなんです。一番初めのフロアのランダムのシードと全ての状態を覚えておいた上で、一個ずつの動作を記憶しているんです。だから、死んだところまでを全て再生できるんですよ。これがもし最終ステータスだけを覚えているプログラムだったら、この機能は投入しなかったと思いますね。

――なぜ、そんなプログラムにしていたのですか？

長畑　それが、当時のスーパーファミコンのメモリにおける制約からだったんです。実はセーブの際に、こっちの方がメモリが少なくて済んだんですよ。

中村　意外に思われるかもしれないですが、実はセーブ時点でのフロアの情報を全て覚える方が大変なんですよ。広大なマップのどこに何が置いてあるのかの情報を全て取得するより、ランダムのシードと何をやったかだけを蓄積していく方が、総容量が少ないので簡単にセーブできてしまうんですね。

長畑　まあ、ただこの手法は途中で乱数が狂ってくるという問題がありましたけどね。そこをいかに気をつかってプログラムしていくかが重要なんです。追加仕様を入れた際にも、ちゃんとセーブに対応するかを考える必要があったので、負担も大きくはありります。

中村　ただ、こうすることの多大なるメリットとして、バグを必ず再現できるというのがあったんですよ。これはかなり開発に貢献しました。すぐに「このバグだよ～」と見せられることなんて、普通はなかなかないですから（笑）。

長畑　まさにリプレイになるわけです。そこで「終わったあとにみんなで見られるのも楽しいよね」なんて話しているうちに、「救助に使ってはどうか？」という発想に発展していきました。

中村　しかも、あまり長くないパスワードで再現できるのも素晴らしいところでしたね。そこに気がついたプログラマは偉いと思います。

——こういう仕様レベルからの着想というのは、開発者の方に聞かないとわからないですね。でも、今だったらリプレイ機能も簡単に動画にして上げられそうですし、その辺もネット向きですよね。

長畑　昔から、ウチは「ちょっとずつ早い」と言われていて、いつも社内で嘆いているんです。我々がやってきたことは、いつも時流に乗れていない（苦笑）。

——いえ、むしろ時流を作っていらっしゃるのでは？

中村　……凄いなぁ！　その表現は素敵ですね。嬉しいですね。今後はそっちに変えていきましょう！　「早すぎる」じゃなくて、僕たちが「作っている！」と（笑）。

『不思議のダンジョン』の魅力

――実際、それこそ最近ニコニコで話題の自作ゲームなんかでも、ＲＰＧやノベルゲームは言うに及ばず、ホラーゲームもローグライクも大人気ジャンルですからね。彼らの源流にあるもののかなりの部分が、実はチュンソフトの名作群なんじゃないかと思うくらいです。

長畑　いやあ、ありがとうございます。もし『不思議のダンジョン』がネット対応できる良い企画があれば、この東銀座《ひがしぎんざ》に持ってきますよ（笑）。

――お待ちしております（笑）。それでは、最後にファンの方に向けて、なにかコメントをいただければと思います。

中村　やっぱり、『トルネコ』や『シレン』に限らず、今まで『不思議のダンジョン』シリーズを遊んでくださった皆さんには、本当に感謝しているんですよ。だって、一つのゲームで遊ぶ時間としては明らかに長いし、プレイ回数も多くなる類のものなんです。だから、きっと本当にいっぱい遊んでいただいているはずなんですね。ありがたい話です。

――達成感のあるゲームという意味では、かなり頂点に来るようなゲームだと思います。

中村　クリアできないと、次を買っていただけないタイプのゲームである気もして、なかなか大変ではあるんです。それに、達成感があまりに高すぎるゲームって、実は物足りなさが消えてしまうので、商売としては次回作を買ってもらえないという悩みもあるんです（笑）。

でも、お話を楽しむよりは、新しいシステムの魅力や複雑さを味わっていただくゲームである以上、そこは僕らとしても〝宿命〟だと思っています。それだけに、これだけシリーズが長く続いているのは、やはりファンの方たちの応援あってこそなんだと、本当に思います。

長畑　ええ、そこは手を抜いちゃダメなんです。

その問題については、僕は毎回、新しいゲームデザインを投入していくことで対処していくしかないと思っていますね。もちろん、初心者の人にもしっかりと遊んでもらえるように、チュートリアルやシナリオにも力を入れつつ、ですけどね。

やっぱり、これまで20年間（取材当時）、長いこと『不思議のダンジョン』を作ってきて、ファンの人にパワーをいただいてきたな、と本当に感謝しているんです。その上で思うのは、僕としてもまだちょっとやり残していることがあるな、ということです。それを実現するために頑張りたいので、皆様には今しばらくお付き合いいただけるとありがたいな……と思います。

――おお！　やり残したことというのは？

長畑　実は、二つだけあるんですよ。でも、それはここで話すには長くなってしまいそうです（笑）。

――ぜひプロダクトの形で、表に出るのを心待ちにしたいですね。今日はありがとうございました。

編集部より

3時間にわたるインタビューを通じて見えたこと——それは、『ローグ』を『不思議のダンジョン』に作り変えるにあたって、当時のチュンソフトがいかに心を砕いて、その面白さを「翻訳」したかということである。

根幹にあるのは、もちろん『ローグ』というゲームに覚えた「感動」であったにせよ、ユーザーに手に取らせてその面白さを伝えるために、企画からUI、ゲームシステムに至るまで徹底的に行われた心配りの数々は、日本的なゲームデザインの職人芸の凄みを伝えるに十分な内容であったように思う。

ちなみに、これは筆者個人の感想であるが、当日彼らの話を聞きながら、ふと「これは〝編集〟ではないだろうか?」と思ったのも記しておきたい。『ローグ』というあまりにも無骨なゲームを、『ドラクエ』と絡めるなどの企画性で補い、多彩な罠や壺などのドキドキする要素を投入して飽きさせない作りにする。あるいは、徹底的にビジュアル面や手触り感にもこだわり抜く……こういうユーザーに向きあった直しの数々は、ポテンシャルを秘めた文章や漫画に対して、優れた編集者が行うアドバイスにどこか似ている。

そういう意味では、『ウルティマ』や『ウィザードリィ』を換骨奪胎して日本製RPGの文法をつくり、あるいはアドベンチャーゲームを『弟切草』などの「サウンドノベル」に生まれ変わらせたチュンソフトだからこその、この優れた翻案があったのかもしれない。

面白いものを作るだけでなく、その面白さをいかに人々に「伝える」か――ゲームに限らず、何かを生み出す仕事に関わる人であれば必ず直面する、この困難な課題へのヒントがたくさん詰まったインタビューであったように思う。

第4章　「信長」から「乙女ゲーム」まで

日本のコーエーテクモゲームス（当時は光栄）が初の歴史シミュレーションゲーム『川中島の合戦』を発売したのはいつか？

――正解は、１９８１年である。

そのときには、まだパソコンでゲームをする文化自体が相当にマイナーな楽しみに過ぎなかった。有名なパソコン版の『シヴィライゼーション』が発売されたのでさえ、ずっと後のことである。しかし、そのゲームは、紡績業を営んでいた光栄という会社が大きく業態を変えていく転換点になるほどの話題を日本で獲得した。

『ファミコン通信』1988年5月20日発売号85ページ

その2年後、彼らは『信長の野望』という大人気歴史シミュレーションゲームを生み出した。コーエーテクモホールディングス社長・襟川陽一《えりかわよういち》氏ことシブサワ・コウは、それをＲＰＧや司馬《しば》遼太郎《りょうたろう》の小説をヒントに作り上げたという。我々の遊んできたこうした『信長の野望』などの歴史シミュレーションゲームは、実はコンピュータゲーム史にほとんど忽然《こつぜん》と登場したゲームに近い。

その後も、コーエーは「世界初」のゲームを生み出し続けてきた。そのラインナップは幅広く、投資のゲームに経営のゲームに、エロゲの元祖までである。中でも、コーエーが「女性向けゲーム」というジャンルを切り開いたことは、つとに有名である。本章では、それがコーエーテクモホールディングス会長にしてシブサワ・コウの妻・襟川恵子《えりかわけいこ》氏の、ほとんど女性についての信念のようなものから生まれていたということがわかった。

実は日本人の多くは――いや、ゲーマーでさえもその多くは――コーエーがゲーム史において、驚くほど数々の「世界初」を開拓してきたのを知らずに遊んでいるのではないか。

しかも、その数々の名作たちが、染料工業薬品の卸業を営む夫婦が、ある日パーソナルコンピュータを手にしたことから始まったというエピソードも、やはり知る人は少ないだろう。彼らは二人三脚で、世界に類を見ないオリジナルのゲームを、独自の値付けや流通のやり方で世に送り出してきたのである。

既存の発想にとらわれず、常に自分たちの頭で考えてきたコーエー35年間（取材当時）の軌跡を、本邦初となる襟川社長・会長夫妻同席の取材で聞いた。

※以下の記事では、社名としての「光栄」以外では、ゲームブランドとしての「コーエー」で表記を統一しています。

襟川 陽一 (えりかわ よういち)

1950年10月26日、栃木県生まれ。株式会社コーエーテクモゲームスの代表取締役会長(CEO)。

慶應義塾大学商学部を卒業後、父の会社の取引先に就職。その後、父の家業である染料工業薬品の卸販売会社に入社する。しかし、会社が廃業したのをきっかけに1978年、光栄を設立。1981年、趣味としてつくった歴史シミュレーションゲーム『川中島の合戦』が大ヒットを記録。その後も、『信長の野望』『三國志』『決戦』などの名作を発表する。ゲームプロデューサー名である「シブサワ・コウ」の名でも知られる。

襟川 恵子 (えりかわ けいこ)

1949年1月3日生まれ。株式会社コーエーテクモホールディングスの代表取締役会長。

1971年多摩美術大学美術学部デザイン科卒業。1978年に襟川陽一と光栄を設立する。コーエーテクモゲームスの開発チーム"ルビーパーティー"を立ち上げ、『アンジェリーク』『遙かなる時空の中で』『金色のコルダ』といった女性向けゲームのシリーズを生み出した。

佐藤 辰男 (さとう たつお)

1952年9月18日生まれ。KADOKAWA相談役。コーエーテクモホールディングス社外取締役。

玩具業界紙を発行する日本トイズサービスの記者として働くなか、『コンプティーク』の企画書が当時の角川書店専務・角川歴彦の目に留まる。1983年に同誌を創刊。1986年に角川メディアオフィスの取締役、1992年に同常務取締役への昇進を経た後、メディアワークスを設立、1995年代表取締役社長に。以来、後のKADOKAWA各社の代表を務め、2015年6月のKADOKAWA・DWANGO(現カドカワ)代表取締役会長、2017年6月のカドカワ取締役相談役を経て現職に至る。

聞き手/TAITAI、稲葉ほたて、斉藤大地
文/稲葉ほたて
カメラマン/増田雄介

――襟川さんは普段からゲームがお好きだと聞いています。

襟川陽一氏（以下、陽一）　今も、暇があるとゲーム機か、スマホでずーっとゲームを遊んでいますし、大抵のジャンルはひと通りやっていますね。最近も『Bloodborne』※にハマってしまったせいで時間が取られてしまい、困っています（笑）。

※『Bloodborne』　SCEジャパンスタジオとフロム・ソフトウェアによるアクションRPG。取材をした時期は2015年にソニー・コンピュータエンタテインメントからPS4で発売された直後。

襟川恵子氏（以下、恵子）　毎日、必ず朝の6時から出社するまで、ずっとゲームをやっているんですよ。それも、他の会社のゲームをずっと（笑）。しかも夜中も、会食から帰ってきたと思ったら、また寝るまで晩酌しながらずっとゲームをしているんです。

陽一　もちろん、会社では自社のゲームをプレイして、全てチェックしています。でも、帰宅して寝る前に1時間でもあったら、本も読まず、映画も見ずにゲームばかりプレイしていますね。以前は、そういうときにテレビを見ていた時期もあるのですが、年をとるにつれてゲームばかりになっています。

カドカワ会長（取材当時）・佐藤辰男《さとうたつお》氏（以下、佐藤）　普段は、どんなジャンルのゲームをプレイされるのですか？

陽一　ＲＰＧが多いです。というのも私は、一旦《いったん》エンディングまで行ってもすぐにはそのゲームの世界から離れたくなくて、意味もなく１ヶ月くらいずっとプレイしてしまうんです。『ポケモン』も『ドラクエ』も『ペルソナ』も、毎度毎度ついそうやってしまうんですよ。

――「その気持ち、よくわかる！」という読者は多いと思います（笑）。それにしても、シブサワ・コウが『ペルソナ』をプレイしているのは、なんだか意外です。『ペルソナ４』※ですか？

※『ペルソナ４』　２００８年にアトラスより発売されたＰＳ２用ゲームソフト。襟川氏の語っている『ペルソナ４ ザ・ゴールデン』は、数々の追加要素や変更が加えられてアニメ化もされた、２０１２年発売のＰＳ Ｖｉｔａ版。

陽一　『女神転生』から大好きだったのですが、もう『ペルソナ４ ザ・ゴールデン』は素晴らしかったですねえ。『ペルソナ４ ダンシング・オールナイト』が出てくると聞いたときも、すぐに買おうと思ったんです。キャラが可愛いですよね。

もちろん、色々な要素を楽しませていただいたのですが、特に『コミュ』というシステムで女性キャラと恋人になる工程はとても楽しくて、たぶん100時間以上は遊んでいると思います。クリアしてもまだ物足りなくて、朝早く起きてはフラフラとずっとプレイし続けたのを覚えています。もう老人の徘徊《はいかい》みたいですよね（笑）。

――10代の子たちにとって、今やペルソナシリーズは大人気コンテンツですが……襟川さんのお年は65歳（取材当時）ですよね。その年齢で『ペルソナ』にどっぷりとハマられるというのは、本当に感受性が若いというか……（笑）。

陽一　いやあ、もう全てが好きですよ。あのオープニングなんて、私にはとてもできないです（笑）。テレビの向こう側に行って戦うアイディアも、大変に素晴らしいですね。あまりにファンなもので、2、3ヶ月くらい前にあった武道館ライブ※に関係者チケットをいただいて参加しちゃいました（笑）。生であの素敵な音楽を聴けて、あの日は本当に感激しました。

※2015年2月5日に開催された『PERSONA SUPER LIVE2015 ～in 日本武道館 -NIGHT OF THE PHANTOM-』のこと。『ペルソナ3』『ペルソナ4』の楽曲をメインとした公演が行われつつも、『ペルソナ5』の最新プロモーション映像が公開されるサプライズもあった。

佐藤　襟川さんの、とてつもないゲームファンぶりが窺《うかが》えるお話ですね。

コーエーテクモホールディングス社長・襟川陽一氏ことシブサワ・コウ（左）、コーエーテクモホールディングス会長にしてシブサワ・コウの妻・襟川恵子氏（右）

――たぶん、ヘタなゲームライターよりちゃんとプレイされています（笑）。それにしても、襟川さんのこういう一線を越えたゲーム好きのエピソードや、プログラマとしての腕っぷしの逸話というのは、あまり語られてこなかったですよね。

恵子　そういえば昔、選挙管理システムを作っていたわよね。

佐藤　ええ、そんなものを（笑）。

陽一　80年代には、そういう業務用ソフトも作っていました（笑）。そもそも我々は、まずはゲームの前に在庫管理ソフトなどを開発するところから始めていますからね。

――プログラマとしては、かなり長いあいだ現役だったのですか？

陽一　ゲーム会社としてのコーエーは、81年に『川中島の合戦※』という最初のゲームを作ったところから始まりました。そして、83年に『信長の野望』、85年に『三國志』、88年に『蒼き狼と白き牝鹿』と出して、その後はしばらくシリーズ続編の制作をしていました。この頃までは、基本的には私が自分で企画を立ててメインプログラマで組んでいました。とはいえ、現役だったのは、ちょうどプレイステーションが出た辺りの、90年代半ば頃までのことです。その後は、ゲームは約200人もの人数でプロジェクトチームとして分業しながら作るようになっていきましたからね。

※『川中島の合戦』　1981年に光栄マイコンシステムが発売した『シミュレーションウォーゲーム 川中島の合戦』のこと。『投資ゲーム』と同時発売された。

恵子　そういえば、受託仕事のゲームでマシン語が必要になって、「ウチの社員にマシン語はムリ」なんて言って、あなたが自分で組んだのがありませんでしたっけ。

陽一　ああ、それは『忍者くん』※だ。あと、受託仕事で印象的だったのは、『FORMATION Z』※※という業務用ゲームをパソコンゲームに移植した仕事ですかね。このゲームは凄《すご》くて、プログラムも仕様書も資料もほとんどなかったんです（笑）。

一応、アセンブラのリストがあったのですが、プログラムが整理されていないから、何が書いてあるのか全くわからない。「こりゃもうダメだ」と判断して、ひたすら自分でゲームを遊びまくって〝目コピ〟をして、アセンブラから組み直して作りました。

※『忍者くん』　１９８４年にＵＰＬが制作したアーケードゲーム。赤い頭巾をかぶった１・５頭身の「忍者くん」を操作し、手裏剣を投げる攻撃とジャンプを駆使して敵キャラクターを倒していく。コーエーは他機種版への移植を担当した。

※※『FORMATION Z』　１９８４年に稼働を開始したジャレコによるアーケードゲーム。横スクロール型のシューティングゲームであり、プレイヤーの操る戦闘機がロボット形態に変形できるのが特徴。

――凄いエピソードじゃないですか。まるでスパイク・チュンソフト会長の中村光一さんみたいな（笑）。

恵子　当時いたエンジニアのトップが「こんなもの移植できるわけがない！」と断言したんですよ。

そうしたら、負けず嫌いなこの人が「絶対にできる！」なんて言いだして、もう大変なことになってしまって……ついに徹夜を繰り返してプログラムを組み始めたんです。しかも、そのエンジニアは業務でアセンブラに通じているのに、この人は彼に一切触らせようとしなかったんです。

そのエンジニアも、しまいには仕事はないわ、社長を働かせてしまっているわでオタオタしてしまって……帰ればいいのに社内で待っていましたよね（笑）。私も、お腹を空《す》かして夜通し作業をしている襟川と彼に、朝になると雑炊などの差し入れをしていました。私たちが、ほとんど24時間営業のように仕事をしていた時代の話です。

そういえば、いま思い出しましたけど、確か夜中の3時頃に襟川の仕事部屋に入ったら、コードに足を引っかけてしまって、完成間近のソフトを一から作り直すことになってしまった事件が何回かありましたわね（笑）。

——当時の雰囲気が伝わってくるエピソードですね。

佐藤　いやあ、素晴らしい話ですね。

陽一　まあ、私としてはプログラミングはただただ楽しいんです。ゲームも私の一生のお友達ですしね。基本的には、全く辛《つら》くはありませんでした。それに、私の場合は寝てしまうと、頭の中に入っているアドレスやサブルーチンの位置や内容が記憶から消えてしまうので、起きている間に一気に組み上げたいんです。だから、プログラムを書いていた頃は、もうなるべく一気呵成《いっきかせい》に書き上げるようにしていました。当時は、寝る時間も大変に少なかったです。

事業不振のなか出会った「夢のような箱」

――このシリーズは、有名ゲームの誕生秘話を、企画書を見せていただきながらクリエイターに話を聞いています。ただ、今日はせっかくなので特定のゲームに絞らず、コーエーの創業秘話を中心に伺っていこうと思っています。お二人が同時にインタビューを受けられるのも、実はあまりないんですよね。

恵子　ええ、初めてです。

――ファンには有名な話ですが、コーエーのゲーム会社としての第一歩は、会長がパソコンを襟川さんの誕生日にプレゼントされて、それから襟川さんがゲームの開発を始められたというものですよね。

恵子　でも、その前にNECの渡辺さんが作った、TK-80という8ビットマイコンのトレーニングキットを襟川が買っていて、一生懸命に組み立てていたのを見ていたんですよ。

陽一　そうそう、パソコンに組み立てるキットで、8080シリーズのインストラクションを勉強していました。そうしたら30歳の誕生日に、妻にMZ-80C※を買ってもらえたんですね。

※ MZ-80C　1979年にシャープが発売したパーソナルコンピュータ。データレコーダーの内蔵、グリーンモニターの採用など、基本設計が同じであるMZ-80Kに比べて高価なパーツが使用されていた。

――ただ、そのエピソードであまり出てこないのが、なぜ奥様がご主人にパソコンを買い与えたのかということなんです。

恵子　それには、コーエー創業の経緯を話す必要がありますわね。そもそも義父の元々の会社は、染料工業薬品の卸問屋で、一時期は両毛地区（編注：群馬県と栃木県の一帯）で最も大きなくらいの卸問屋でした。でも、時代の流れで繊維産業が成り立たなくなったときに、義父は莫大《ばくだい》な借金を抱えてしまったんです。

陽一　ちょうど東南アジアから安価な繊維製品が大量輸入されるようになり、日本の繊維産業が斜陽産業の代名詞になりだしていた時代です。そうして、私が故郷の足利《あしかが》に帰って3ヶ月後には、父から経営の訓《おしえ》を受ける間もなく会社が倒産してしまいました。

恵子　一つ言うと、義父は会社がなくなる前に土地を売却したりして、地元になるべく迷

一番最初のやつをちゃんと保存してるんですね（佐藤氏）

惑がかからないように負債を整理しておいたんです。だから、よく本人は「あれは倒産ではなくて廃業なんだ」と言っています。ただ、会社が〝廃業〟しても襟川家の商圏は継続できましたので、なんとか襟川に事業を継いでほしいという思いが義父にはありました。

陽一　私自身もその後、1年くらい残務整理をしながら悔しい思いをしていました。そこで、「父親が続けられなかった会社経営を、自分でやってみたい」と思い、光栄を起業しました。まあ、今となっては若気の至りだなと思いますが（笑）。

恵子　でも、私は足利には行きたくありませんでした（笑）。実は「義父の会社が倒産しないかな、そうしたら足利に行かなくて済む」と思っていたら事実になったので、内心大喜びでした。不謹慎な話ですよね。襟川も地方の先行きを見越して、こちらでの起業を考えていました。
しかし、義父には何としても息子に家業を継がせ、お家再建を果たす夢がありました。すると、私も足利に行かなければ、この先一生後悔するという気がしてきたんですね。義父のためにやれるだけやってみようと、私も足利に行く決心を固めました。
ところが、襟川の両親は逆に日吉《ひよし》の私のマンションへと引っ越してしまい、襟川も私の日吉の実家でパソコンショップを開くんです。足利を離れることも多くなり、私は幼子二人と、夜になると怖くて寂しくなるような山の中で仕事をしていました。しかも、会社を継いだはいいのですが、倒産した襟川のところに仕事は来ないわけですよ！　ヘビやネズミにムカデは来ましたけれども（笑）。

――まあ、そうですよね……。

恵子　当時は、それまで取引があった会社に襟川が見積もりを頼んでも、何週間も返答に時間がかかったんですよ。資金面での不安が残っていますから、倒産した会社の跡継ぎなんかと取引したくないという態度が見え見えなんですね。仕事にならない日々が続きました。

ところが、そんなある日、襟川が「夢のような箱がある」と言いながら帰宅したんです。何でも、彼が本屋で見つけた雑誌に載っていたというその箱を使うと、何週間もかかる見積もりの計算が自分で簡単にできてしまうというんです。それが――マイコンでした。

陽一　当時、会社を作ってはみたものの上手《うま》く行かず、「ああ、やはり自分には経営者としての才覚がないのかな」と悩んでいたんです。それで本屋に行っては、松下幸之助《まつしたこうのすけ》さんや稲盛和夫《いなもりかずお》さんなどの成功された経営者の書かれた本を立ち読みしたり、買ってきて読んだりしていたんです。

そんなある日、ふと「マイコン」という雑誌が目につきました。パラパラと開いてみたら、マイコンを使えばコンピュータソフトで教育ができたり、社内のＯＡ化でコストダウンがはかれたりという、まるで夢のような話がたくさん書かれているんです。「こりゃ凄い」と思って、私はさっそく家に帰って妻にそのマイコンの話をしたんです。

恵子　でも、価格を聞いて、ビックリしてしまって……。だって、当時のマイコンは、周辺機器もあわせると40万円以上したんです。

ただ、私は小さいときから親戚《しんせき》にもらったお小遣いを貯め込んでいるような子供で、学生時代から自分で仕事や投資もやっていたので、貯金だけはたっぷりありました。そこで、彼のお誕生日にマイコンをプレゼントしたんです。
そうしたら、もう襟川がすぐに凝ってしまって……。
陽一　いやもう、たちまちのうちにハマってしまいました（笑）。すぐにベーシックやマシン語を覚えて、財務管理や在庫管理、あるいは見積もりのソフトを自作するようになりました。
佐藤　まだパッケージソフトなんて売っていなかった時代の話ですよね。せいぜいApple II※のVisiCalcが使えるくらいで。

※Apple II　アップル社が1977年に発表したパーソナルコンピュータ。個人向け販売されたパーソナルコンピュータとしては最初のヒット作となった。VisiCalcは表計算ソフトの先駆けで、Apple IIのキラーアプリだった。

陽一　ああ、懐かしいですねえ！　当時マイコンを手にした人々は、私にかぎらず、みんな自分で自分の欲しいものをプログラミングして作っていましたよね。
そして、そうこうするうちに業務用のソフトの販売が、どうも自分の会社を助けてくれそうだとわかってきたので、外注のソフト会社として受託開発を始めたんです。
恵子　もう、気がついたら襟川は「これからの仕事はマイコンだ」なんて言い出していた

取材当時カドカワ代表取締役会長、現コーエーテクモホールディングス社外取締役・佐藤辰男氏

んですよ（笑）。「それ、あなたの本業とは違うでしょ」という話なのですが、実際にその後パソコンは一世を風靡《ふうび》して巨大な産業になってしまいましたからね。

――実は以前にソフトバンクグループ総帥・孫《そん》正義《まさよし》さん※の弟である、ガンホー元会長の孫泰蔵《たいぞう》さんから、まだソフトの卸業者だった時代の孫正義さんと襟川さんのお話を聞いたんです。なんでも、二人して襟川家で「将来は大成功して……」と夢を語り合っていたら、奥様に「本当に男は夢ばっかり見て！」と呆《あき》れられたという……。そんな逸話を聞いて、「なんていい話なんだろう」と思った記憶があります（笑）。

※孫正義　ソフトバンクグループの創業者。在日韓国人の3世として生まれて、16歳で渡米。

カリフォルニア大学バークリー校卒業後、日本ソフトバンクを設立した。その後、ソフトの卸業や出版業から通信事業、球団経営など幅広く事業を手がける。２０１４年には、フォーブスの世界長者番付で総資産１８４億ドルで日本富豪ランキング1位、世界富豪ランキング42位となっている。

陽一　ああ、当時はそんなこともあったでしょうね（苦笑）。

孫さんは、出会った頃は26歳くらいだったかなあ。今では投資から通信まで色々と手がけているけど、あの頃はパソコンソフトのディストリビューターだったんです。だから、もう毎週のように仕事で孫さんとは会っていました。彼は当時からアイディアマンで、いつも面白かったですね。

恵子　でも、当時の孫ちゃんはマヌケな失敗もたくさんしているんですよ。本当に、ここでは言えないようなおかしな発明品の事業の話を持ってきたりして、私は困ったんですから（笑）。

それなのに、「兆のつく仕事がしたい」※なんて言っていて、当時の私は「チョウ（丁）のつく仕事はお豆腐屋さんだ」と思っていました（笑）。それが、有言実行。凄い努力家でしたし、集中力と才能もあったんです。

昔、彼は会社でなぜか靴を履かなかったんです。いつも靴下でぺたぺたぺたぺたジュータンの上を歩いていました。社員がうちにいらして、孫さんに電話しながら「孫よ！　今どこにいると思う？　襟川さんのところだよ」なんて社長を呼び捨てにしていたこともありました。孫ちゃんも大らかな人ですよ。立派に成功なさっても、「泰蔵も僕も髪がどんどん薄くなるのは襟川さんのせいだ」なんておっしゃっていましたね（笑）。

※孫正義氏がソフトバンク創業初日に、アルバイト社員二人の前でみかん箱の上に乗って「30年後には豆腐屋のように、1兆（丁）、2兆（丁）とお金を数えるようになる」と演説したという逸話。ちなみに、そのアルバイト二人は、「この人は頭がおかしい」と1週間後には退職したという。

――それにしても襟川会長は、お話を聞いているとだいぶ金銭感覚に鋭かったのですね。

恵子　そうですか？　でも、私が多摩美術大学にいたときに学生運動でストライキがありまして、その頃から自分で仕事をして稼いだり、株式投資をしたりはしていました。そもそもコーエーの営業担当者は私でしたし、現在もこの会社では資産運用の責任者です。

襟川が「マイコンショップを開きたい」と言い出したときも、私は自分の持っている土地を担保に入れたり、当時まだ470円だった任天堂さんの株を売却したりして、開業資金を工面できたんです。確かあの任天堂さんの株が、3000～40000株くらいあったかと記憶しています。

佐藤　今でも持っていたら、とんでもないことになっていましたね（笑）。しかし、こう聞くとコーエーさんには、歴史シミュレーションゲームで羽ばたく前に、実に色んな事業の可能性があったように思いますね。ただ、襟川さんにしても、マシン語まで覚えてしまったとなると、もうゲームを作るしかなかったでしょう（笑）？

陽一　業務用ソフトを作るのも面白かったんですよ。でも、それよりも仕事が終わったあとに、自分でゲームを作って遊ぶ方が楽しかったんですね（笑）。その中でも、我ながら最も傑作だったのが『川中島の合戦』というゲームでした。後にコーエーの一番初めのゲームになった作品です。

初期のパッケージは恵子氏が描いていた

――これもファンの間では有名な話ですが、『川中島の合戦』はパソコン雑誌の通信販売で売り始めたんですよね。

陽一　確か、ゲームソフトの開発を始めたのが80年で、最初に広告を出したのが『川中島の合戦』を出した81年だったよね。

恵子 ただ、広告の掲載料が高くて、まともには払えませんでした。雑誌の広告って、ときどき空いてしまうことがあって、そういうときに格安で掲載してもらおうと、色んな雑誌に版下だけ送っておいて、「いくら以下の価格になったら、この広告を掲載してくださいね」とお願いしておいたんです。

——……そんなこと、普通やるんですか?

恵子 やらないですよね(笑)。でも、私は普段から色々な出版社に電話をして、「いま空き広告ないですか? おかしいですねえ」なんて言いながら空き広告を見つけては、格安料金で出稿していました。

佐藤 しかも、まだカセットテープの時代でしょう。確か、手作業でダビングしていたんですよね。

陽一 ええ、大変に原始的な方法を使っていて、NECのデータレコーダーというテープレコーダーを20台くらい並べて、それにカセットを入れたらカチャカチャとボタンを押して、同時に録音するんです。その作業をパートの人たちにお願いして、製品を作っていきました。

——もはや「家内制手工業」ですね(笑)。この作品のグラフィックも、やはり陽一さんがお作

りになったのですか？

陽一　ああ、これは会長の襟川ですね。

――え、会長がお作りになったのですか？

恵子　美大を出ていたので、絵は描けましたから。ただ、プログラミングができなかったものですから、もう大変で大変で……！

『信長の野望』のときなんて、メイン画面に兜《かぶと》を作りたかったのですが、飾りの三日月を作るのにも苦労しました。

佐藤　もしかしてコーエーのデザインって、ずっと奥様が担当されていたのですか？

恵子　ええ、印刷物等は私が作っていました。当時は、宣伝広告もコピーライティングも、全て私がやっていました。そうそう、この『川中島の合戦』のパッケージも広告代理店の人に英字新聞を買ってきてもらって、その場で作りました。ちょうどフォークランド紛争中で、そんな記事を参考にしながら作ったんです。

――……このパッケージが、『川中島の合戦』というタイトルなのに妙に絵が西洋風なのは、それが理由なんですね。

恵子　その場で買った新聞がたまたまフォークランドの紛争の記事を掲載していたのです

川中島の合戦

が、シミュレーションウォーゲームでしたので、「ちょうどいい」と。もう実にいい加減でしたね（笑）！　この光栄マイコンシステムのレタリングも、その場で描いたものです。赤バコシリーズと言われてよく売れました。

佐藤　いやあ、いいコンビだったんですね（笑）。

恵子　ただ、今でも覚えているのですが、うちの「マイコンショップ」に出入りしている学生のアルバイトに、「あのゲーム、面白くないと言われていますよ」なんて言われたんです。「ああ、そんなのを宣伝しちゃったのかしら」なんて、落ち込んだ覚えがあります。でも、実際には大ヒットです。カセットテープでしたから皆が簡単に複製できるので、日吉のコピー屋さんはマニュアルのコピーで忙しいと言っていました。複製さえできなければ、当社も売上利益がもっと増えていたのでしょうけどね（笑）。

ファミコン参入時の〝大作戦〟

佐藤　その後、コーエーさんはどんどん人気を獲得されて、ファミコンに参入されました。ただ、当時のファミコンはナムコのようなアーケード系の企業が先に来て、ＰＣ系の企業は遅かったですよね。やはり参入には時間がかかりましたか。

陽一　ええ、やはり全く仕組みが解析できなかったので、そこに手間取りました。パソコンでゲームを作るのであれば、富士通さんやＮＥＣさんは技術者同士で交流があったので、資料も全て揃っていたんです。当時はPC-8801みたいな機種などは解説本もたくさん本屋にあって、しまいには中のＯＳを全て明らかにした本が裁判になっていたくらいです（笑）。

それに対して、ファミコンは一から内部を解析する必要がありました。結局、５年くらいの時間がかかってしまい、『信長の野望』のファミコン版は88年になってしまいました。

――コーエーのゲームというと、あの大きなカートリッジが印象的です。

陽一　シミュレーションゲームの容量は、コンピュータ側の武将のデータやアルゴリズムが大部分を占めていて、これがファミコンのメモリサイズではオーバーしてしまったんです。そこで任天堂さんと一緒に、メモリを切り替えて使う「バンク切り替え」という手法を共同開発して、通常の2倍の大きさのカセットを特注で作っていただきました。あれはもう何度も失敗しながら、苦労に苦労を重ねて作ったものなんですよ。

恵子　しかも、あの規格外の大きさのカセットは店頭で目立ってしまって、手に取る人も多かったんですね。すると他のメーカーも、その必要もないのに「あの大きな箱を使わせてくれ」と言ってきたそうです。

私たちにとってありがたかったのは、当時の山内《やまうち》社長が「あれはコーエーさんが必要だから作っているだけだ」と他社には許可しなかったことです。本当に任天堂さんにはお世話になりました。マニュアルも厚くて立派なものを作ってくださいましたし、山内社長にはビジネス面でも色々と教えていただきました。

佐藤　コーエーさんは、既にＰＣで大人気でしたから、任天堂さんも進出することに不安はなかったんだと思いますよ。

陽一　私の方もなかったです。とはいえ、やはり大ヒットすると大変に嬉《うれ》しかった記憶があります。

恵子　社員の方々も信長ファンが多くて、「やっと光栄がきた」と大変に喜んでくださったそうです。ただ、あのROMの先払いの仕組み※だけは、本当に大変でしたよね。億単位の現金が必要で、やはり当社のような小さな会社が簡単に参入できる市場ではなかったんです。

※ROMの先払いの仕組み　ソフトを格納するROMカートリッジを、任天堂に生産委託する仕組み。最低発注数と1本あたりの前払い金があり、ファミコンに参入するためには最低でも数千万円単位で納める必要があった。

――初耳の読者も多いかもしれないですが、あの制度はゲーム好きよりも、MBAなんかでビジネスモデルを学んでいるサラリーマンなんかにこそ知られているかもしれませんね。一般には参入障壁を上げて粗悪なソフトが出まわるのを避けるための戦略だったと言われていますよね。

陽一　ただ、やはりあの金額をすぐに用意するのは、パソコンソフトのメーカーには至難でした。最初のファミコンの『信長の野望』は最終的に50万本も売れたソフトでしたが、あの作品もお金がなくて大変に苦労したものです。

恵子 通常のソフトメーカーは、九州から北海道までの卸売様を30社ほど回って、注文をとるものだったそうですが、私たちはゲームではないPCソフトも販売していましたし、そもそも当社にはその営業がいないのです。

そこで、私は「それなら流通の会社に来ていただこう」と、習字の達人に和紙で招待状を書いてもらい、帝国ホテルで「『信長の野望』のファミコン参入の発表会を開く」と日本中の卸売様にご案内して、昼食会を開いたんです。

――え、ソフトハウスが流通業者を呼びつけたんですか?

恵子 ええ、なにせ営業は一人しかいませんし、パソコンのビジネスや日々の業務もあるので、九州から北海道まで回っていくなんて現実的じゃありませんから。大手の問屋様に総代理店になっていただくのも好まなかったですし。

ところが、そうしたらなんとご招待した全員がホテルに来てくださいました。というのも、卸の掛け率の相場を学生時代からのビジネスの経験で知っていたので、私は他社より高くしておいたんです。

佐藤 しかも、コーエーさんのゲームは定価が高いから。

恵子 そうです。そうして呼びつけた上で、昼食会の席上で私は「コーエーのゲームは、現金で全て先払いでお願いします」と言ったんですね。

佐藤　ええぇ（笑）。

恵子　そうしたら、もうその場にいた人たちの怒ったこと、怒ったこと。「コーエーはうちより信用調査が悪い。うちを銀行と思っているのか」と叱られたり。

――あの……流通業者が現金先払いでソフトを購入するのなんて、あまり耳にしたことのない話なのですが。

恵子　非常識もいいところですわよ（笑）。

でも、お金がなければゲームを売りだせないんだから、仕方ないです。「〝先に金を全額くれ〟なんて話は聞いたことがない。しかも、先払いでコーエーが潰《つぶ》れたらどうしてくれるんだ！」なんて怒られました。

――そうですよね……。

佐藤　それで、どうされたんですか？

恵子　「ええ、おっしゃるとおりです。私たちには資金がないので、潰れるかもしれません。ですから、コーエーは潰れないと思われて、それでも『信長の野望』を仕入れたいと思ってくださる方がいらしたら、ぜひ前金でお願いします」と答えました。そうしたら、今度は「金儲《かねもう》けしたいんだろ！」なんて凄《すさ》まじい剣幕で怒られまして（笑）。

佐藤　（笑）

恵子　そこで、私は「コーエーに将来性があるとお考えの方２、３社の方とだけでもお付き合いさせていただければ、それで幸いです」とひたすらお願いしました。

そのあと、任天堂さんには流通業者の方々から、「訳のわからない女が、頭のおかしいことを言っている」とか「非常識極まりない」とかの、たくさんクレームの電話が来たそうです。なにしろ前代未聞のことで、きっと九州から北海道まで私への悪口が飛び交っていたのでしょうね。

さすがの私もしばらくは落ち込んでしまったのですが、襟川と来たら「まあ、企業の中には人それぞれ役割があるからね」なんて言って、自分は涼しい顔をしながらゲームを作っていたんですよ！

――なるほど（笑）。

恵子　そうしてしばらくしたら、もう銀行に大金がバンバン振り込まれてきました（笑）。メインバンクだった銀行の支店長がビックリして、すっ飛んできました。銀行にそういう入金があるなんて知らせていなかったので、「こんなことは初めてだ」と驚いていました。

まあ、そのお金はすぐに任天堂さんにお支払いしてしまったのですが。

――ファミコンにおけるROMの先払い制度は、今となっては有名な史実ですが、そのときにメーカーが問屋さんに先払いさせた事例があったなんて初めて聞きました……。

恵子 最初は全額前払い。次回からは半金前払いでした。金利も当時は高かったので、素晴らしい仕組みですね。私は義父の会社で手形の不渡りは懲りていますから、いつもニコニコ現金決済です。

一同 （笑）

佐藤 いやあ、今だから言える話というか、まさに「我が道をゆく」ですよね（笑）。

恵子 その頃から、いつもコーエーでは悪いことは全て私の仕事なんです、ふふふ（笑）。でも、なんとか、醜態をさらしながらここまでやってきました。

ただ、あのころは若かったので、〝恐れも知らず〟でした。

『信長の野望』の生産が決定すると任天堂さんの役員の方が会社のどこを歩いても、『信長の野望』の「ダンダダダン」というテーマミュージックの音ばかりしていますよとおっしゃっていたのですが、あるとき、天下の山内社長※とコンセプトのぶつかり合いで大もめにもめてしまったんです。任天堂の役員の方が、「うちの社長があれほどお願いしている

恵子氏

のに襟川様が言うことを聞かない」と涙を流されて……。でも、そのあとでゲームメーカー向けに開いた説明会で、大勢の皆様の前で山内社長に「あんたが正しかった。わしが間違えやった」とおっしゃっていただきました。

その後、ある方の結婚式で襟川の隣に座られた社長が「あんたー、なんであないな嫁ハンもろたん。はよう別れなはれ」とニコニコしながらおっしゃったそうで、私はそれを聞いて大笑いしてしまいました（笑）。

※山内溥《ひろし》　任天堂・元代表取締役社長。ファミコンなどの成功で、玩具《がんぐ》メーカーの任天堂を世界的なゲームメーカーに育てた。この時期は、まだ社長を務めていた。

コーエーの価格はなぜ高かったのか？

――ところで……あのコーエーの1万円を超えるような価格設定も奥様だったと聞いたのですが。

恵子　確かに、以前は価格が高いと言われましたが、ワードプロセッサのソフトが10万円していた時代だったんです。しかも、ゲームソフトはストーリーにサウンド、グラフィックスがあって、インタラクトデザインにプログラミングもある。当社はワープロソフトも作っていましたが、当社のゲームソフトは理系と文系の融合で、それよりもずっと大変だと思っていましたから。

ただ、『三國志』のときに1万4800円にしたときには、さすがに「1万円を超えるなんてだれも買わない……」と、社員・流通・ショップの全員に反対されましたけどね（笑）。

陽一　さすがに私も反対しました（笑）。娯楽のソフトがその価格はどうなんだろう、と思ってしまったんですよ。

恵子　もう当時は襟川との離婚も辞さない覚悟で、1万4800円でいくと一人で全員と戦っていました。大の男が女の細腕をだれ一人として応援してくれないんです。でも、私は「必ずこの価格でも大ヒットするはずだ」と思っていました。

――旦那《だんな》のゲームを売るためには「離婚も辞さない」（笑）。

恵子　『三國志』は10万円のワープロソフトよりも価値があるもので、誰も作れないものだと確信していましたから。そして、実際に皆さんにたくさんお買い上げいただき、流通・ショップ様にも大変喜んでいただきました。

――会長のそのバイタリティは凄いと思うのですが、一体どこからそんなパワーが湧いてくるのでしょうか。

恵子　私は学生時代からビジネスをやっていましたから、流通の仕組みや卸価格はよくわかっていました。

例えば、当時のゲームメーカーは定価の20％以下でソフトを卸していたりしたんです。学生が1～2週間も開発すれば作れるゲームもあって、しかもそれが売れてしまう時代でしたから、当時はそれでもやっていけたのかもしれません。

でも、本当に宣伝・広告、あるいは設備投資に人件費や経費等を考慮したら、やはりそれではビジネスとして長続きはしません。ですから流通の方ともよくぶつかりましたが、私はよくご説明し、決して相手を裏切らずというやり方で、信頼関係を構築してきました。そういう流通・ショップの方々やユーザーの皆様が最終的に喜んでくださることが、私のバイタリティになっているのだと思います。

でも、ある流通の方に「ヤクザなら警察があるけど、貴女《あなた》は手に負えない」なんて言われたこともありましたけども……（笑）。

佐藤 はっはっは。でも当時は、コーエーさん自身もパソコン用の投資ゲームを作っていましたよね。

恵子 あれは、私が株式投資を18歳からやっていたので、襟川に頼んで作ってもらったものです。今でもコーエーで、私は投資の仕事をしています。投資ゲームにはニュースとして国際情勢や為替《かわせ》相場も入れたんです。楽しくて実践的でもあったから、売れましたよね。そうそう、あれは確か最初の定価が３８００円だったのを、途中で５８００円に変えたんです。

――えええ。いいんですか（笑）。

恵子 そのときも、襟川には「そんな非常識な話があるか」と大反対されました。でも、当時は３８００円ですぐバグで止まるゲームもあって、投資ゲームは実用的で面白いし勉強になるのだからと、価格を5800円に変えました。襟川は最後まで怒っていましたけどね。

でも、そうしたらどうなったと思います？ なんと、すぐ注文が舞い込んできて、以前よりずっと売れたんです。

――なぜでしょうか……。

恵子 理由は、「その日から流通さんは在庫を2000円高くして売ればいいから」です。その分だけ利益ですし、お店も店頭在庫の値段を2000円高くした分が全て利益になるんです。この5800円は利幅も大きいので、ショップは「お客様に良いゲームだ」と、どんどん奨《すす》めて売ってくださいました。ゲームの評判が良くて皆さんに喜んでいただけるのは読めてましたが、さすがにそこまでの副次的な効果は読めませんでした（笑）。

一同 （笑）

シブサワ・コウのゲーム制作術

――大変に貴重な創業時のお話を聞かせていただいているのですが、そろそろコーエーという会

社のゲーム史的な位置づけについてもお伺いしてみたいんです。実は、コーエーさんの作るゲームって、世界で初めて手がけたシステムの作品がたくさんありますよね。

恵子 はい。私自身がいつも広告を書くときに「世界初！」と書いていましたから（笑）。あるとき、ユーザーさんから「コーエーはいい加減、毎度毎度〝世界初〟のコピーはやめたら」なんて言われてしまいました。

でも、マネジメントのゲームも女性向けゲームも、実際に当時は類例がなかったんだから仕方ないですわよね。

——というよりも、そもそもコンピュータを使った戦略シミュレーションゲームで、これほど経営要素をしっかり入れたゲーム自体が、コーエーが先駆けなんじゃないでしょうか。シド・マイヤーの『シヴィライゼーション』※にしても、1983年発売の『信長の野望』よりずっとあとに作られた作品ですし。

※『シヴィライゼーション』 1982年にアバロンヒルよりボードゲームとして発売され、シド・マイヤーによって1991年にパソコンソフト版が発売されたターン制ストラテジーゲーム。文明の発展をテーマにしており、国土の整備や科学技術の開発、商業、内政、他国との外交など様々な戦略を楽しむことができる。

佐藤 ……そうなんだ！

恵子 あるゲームメーカーの創業者の方に「オリジナルなんてありっこないよ。どうせ、みんなどっかの真似なんだから」と言われて悔しかったです。

——でも、じゃあ『信長の野望』なんてゲームがなぜ突如登場してきたのかが不思議なんです。もちろん、マニアックなボードゲームの世界に戦略シミュレーションは既にありましたが、コーエーさんのゲームは、もっと幅広くゲームを楽しむ層を惹《ひ》きつけるものですよね。

陽一 最初の『川中島の合戦』は、本当に川中島《かわなかじま》で武田信玄《たけだしんげん》と上杉謙信《うえすぎけんしん》が、それぞれ部隊を率いて戦う作品でしたが、あれはイメージとしては「軍人将棋」※に近いものです。

そもそも子供の頃から、私は軍人将棋や囲碁やゲームが大変に好きだったんです。『信長の野望』でヘックスのマス目を採用できたのも、その経験から「ヘックスは隣り合うマスの接触数が最も大きいので、面白くなるだろう」という感覚を持っていたからですね。

※軍人将棋　軍隊の階級や兵種を元にした駒を用いる。駒を盤上の陣地に並べ、相手と交互に動かしていくが、互いの駒がわからないよう裏返しにして配置するのが特徴。相手の総司令部を占領するか、相手の動ける駒を全滅させれば勝利。

恵子 学生時代からこたつの天板をひっくり返して、マス目にサイコロの出目計算をしてゲームを作り、よく友人と遊んでいました。

佐藤　元々、アナログゲームがお好きなんですね。

陽一　あまり『ダンジョンズ&ドラゴンズ』※みたいなゲームは自分ではやらなかったですが、そういうのが好きな友人もいましたしね。

ただ、小学生くらいの頃には、武将のカードゲームを作って遊んでいた記憶があります。織田信長《おだのぶなが》や徳川家康《とくがわいえやす》のカードを作って、ちゃんとルールを決めておくんです。もちろん、一番強いのは信長ですが、本当に一番強いのは忍者、でも忍者は足軽にだけはすぐにやられてしまう、なんてルールもつけていたかな。まあ、そういうことは小学生時代からやっていたんです（笑）。

※『ダンジョンズ&ドラゴンズ』　世界で最初のTRPGであり、後世のRPGに大きな影響を与えた。オリジナルの開発者は、ゲイリー・ガイギャックスとデイヴ・アーンソンで、Tactical Studies Rules 社が1974年に制作・販売した。

恵子　『ダンジョンズ&ドラゴンズ』の作者は襟川の米国で教授をしていた親友の教え子で、ゲームソフトを作らないかと言われたこともありました。

佐藤　さすがですね（笑）。

陽一　ただ、そういう子供時代からの素質もあったとは思いますが、やはり大人になってからゲームを作ったときに、だんだん武将という〝人間〟そのものや、戦国時代という〝時代〟そのものを描きたくなってしまったんですよ。一体、彼らは何を考え、何をしたいと思い、どう生きていたのか。それをゲームを通じて描けたら、きっと面白くなるはずだと思ってしまったんですね。

――歴史上の「人物」にフォーカスを当てた楽しみ方を追求したくなった。

陽一　ええ。そのときに考えたのが、武将というのは社会システムの中の一要素にすぎない、ということなんです。

「戦」というのは本来、経済や軍事、産業や農業のような様々な社会システムが絡み合った戦略における一つの選択肢でしかないんです。だから、武将という人々もそういう社会システムを動かしていく一人でしかないんです。そういう部分まで描き出せれば、きっと自分が戦国時代にタイムスリップした気持ちを味わえるはずだと思いました。

まあ、そういうことを考えたのは、やはり自分が当時、社長という立場で会社をどうマネジメントしていくかに悩んでいたのも大きいでしょうね。

――経営者の視点で戦国時代を見なおしてみたら、「戦」というのは国における〝経営〟の一要

素でしかないと考えるに至ったわけですね。実は先日、昔の「コンプティーク」※でシミュレーションゲームの分類をしているページを見つけたのですが、そこで『信長の野望』が「経営ゲーム」に分類されていたんです。

※「コンプティーク」　KADOKAWA発行のパソコンやゲームなどを取り扱うメディアミックス雑誌。本章で聞き手を務めている佐藤辰男氏が1983年11月に創刊した。

陽一　ええ、そうなるでしょう。『信長の野望』は、実は国を経営する「マネジメントゲーム」なんですよ。だって、「民忠」が上がらないと「生産性」も「石高」も上がらないので、戦にも勝てないようになっているんですよ。実は、国の経営管理の手腕が大きなウエイトを占めているわけです。

――ちなみに、あの武将たちのイメージは影響をどこから受けているのでしょうか？

陽一　やはり日本の作家が書く時代小説ですね。とにかく小さい頃から時代小説が大好きで、読めるものはひと通り読んでいました。山岡荘八《やまおかそうはち》さんの二十数巻ある『徳川家康』も読破しました。司馬遼太郎さんの『国盗り物語』も、本当に好きな本でしたね。

これには、私の生まれ育ったのが栃木県の足利市という足利氏の育った地域だったために、歴史的な遺跡が多かったという影響がある気はします。

佐藤 時代小説はどういう部分に魅力を感じられたのですか？

陽一 その時代にタイムスリップして、紙の上で当時のことを疑似体験できることです。その世界の人になりきった気持ちになれるのが嬉しいんですよ。逆に、そうなれないものはあまり読む気がしないんです。

例えば、最近では『村上海賊の娘』※は、素晴らしかったですね。もう本当にタイムスリップして、あの娘と一緒にいるような感じになれるでしょう。ああいう世界というものから、私はもう一生離れられないと思うし、ゲームでもそこを目指しているからこそ、ただ戦だけを描くものにはならないんだと思います。

※『村上海賊の娘』『のぼうの城』の作者・和田竜《わだりよう》による長編歴史小説。第35回吉川英治《よしかわえいじ》文学新人賞と第11回本屋大賞を受賞している。

――『ペルソナ４』の世界に浸りたくて、クリアしてもずっと遊び続けたという話に通じますね。実際、コーエーさんのシミュレーションゲームって、コアの面白さは所謂《いわゆる》「シミュレーションゲーム好き」の層が求めるものとは少し違うんじゃないでしょうか。実はもう単純に、歴史上の武将になりきった気分で冒険できることこそが楽しいんだと思います。

陽一 いやあ、その評価は本当に嬉しいですよ。そう言ってくださるのが、私の何よりの喜びですね。ありがとうございます。

恵子　それこそ、戦国時代を疑似体験して、「もし自分が大将なら、こう世の中を変える」と脳を使うのですから、複合的な判断力がつきますよね。

――しかも、実はこの「なりきり」の没入感というのは、ボードゲームのシミュレーションゲームに対する、コンピュータゲームならではの優位だとも思います。

陽一　ええ、やはりコンピュータは、アクションに対してリアクションをどんどん積み重ねられるじゃないですか。それがゲーム内にライブ感覚を生み出して、ついには「自分がそこに生きている」という感覚を生み出すんです。これは、私の考えるコンピュータゲームの魅力でもありますね。

――もう一つ問いを続けていいでしょうか。最初は『三國志』だったと思いますが、なぜ武将をパラメーターで表現されたのでしょうか。見過ごされがちですが、これは実はゲーム史におけるちょっとした発明だと思います。しかも、この発明こそが、海外のマクロ視点のシミュレーションゲームとは違う、あの武将に感情移入しながら楽しめるコーエーらしいシミュレーションゲームが成立した条件だったように思います。

陽一　ああ、それはＲＰＧの影響です。

そもそも私たちは、『信長の野望』を作る前に『ドラゴン&プリンセス』（１９８２・光栄マイコンシステム）というＲＰＧを発表しているんです。これは日本で最初にＲＰＧと銘打って出したゲームです。まあ、ＲＰＧのシステムだけなら、本当はその少し前に『地底探検』（１９８２・光栄マイコンシステム）というゲームで採用していたんですけどね。

このゲームを作ったとき、開発のアルバイトの子がボードゲーム好きで、彼が昼休みに遊んでいるのを見たら、なにやら「カリスマ」と書かれていたんです。「これは何なの？」と聞いたら、「これはもう〝人智を超えた魅力〟を表す数値ですよ」なんて返されて（笑）。

――（笑）

陽一　そんな「魅力」なんてものを数字で表現できるのかと驚いてしまいましてね。それが武将に「魅力」というパラメーターを入れたキッカケです。

――いまお話を聞きながら、以前にカドカワの川上《かわかみ》社長が「『信長の野望』は自分の考えではＲＰＧなんだ」と言っていたのを思い出しました。確かに、『信長の野望』なんかの、自分がその物語の主人公になって、次々に敵をなぎ払いながら仲間を増やしつつ世界を拡大していくという感覚は、むしろＲＰＧに近いですね。

佐藤　まあでも、良いコンテンツというのは、映画であれ小説であれ、なりきって没入させる要素はあると思いますよ。そこはジャンルを超えちゃうんじゃないですか。

陽一　そうですね。まさに、佐藤さんのおっしゃるとおりです。ただ、私のエンタメへの考え方に、どうもそうでなければいけないというような強いこだわりがある気もしますね。私の考える面白いゲームというのは――本当に自分がそこにいて活躍しているように思えて、自分のやりたいことを明確に意思を持って実行できる――というものなんです。しかも、それに対してモンスターや競合の武将が反応してくる中でせめぎ合っていくと、自分の手でドラマを生み出していけるんですね。そういうゲームに自分自身も魅せられながら、ずっと作ってきたように思います。

だから、川上さんのおっしゃる「ＲＰＧみたい」というのも、国自体がキャラクターのように成長していく物語ですから、確かにそういう側面は大いにありますよ。いま言われて、初めて気づきましたが(笑)。

世界初の女性向けゲーム『アンジェリーク』誕生秘話

佐藤　あと、コーエーの〝世界初〟といえば、やはり女性向けの「恋愛シミュレーション」は外せないですよね。

恵子　『アンジェリーク』※ですね。女性向けのゲーム自体はもう、コーエーがゲームを作り始めた当初から、ずっと作りたかったのです。

※『アンジェリーク』　1994年にスーパーファミコンで発売された、世界初の女性向け恋愛シミュレーションゲーム。

――ええ！　奥様の発案だったのですか。どうしてまた？

恵子　だって、コンピュータゲームは男性市場でしょ。戦って勝利する。あるいはバンバン撃ち殺す。

――コーエーテクモの会長が言うと、とてつもない説得力がありますが（笑）。

恵子　しかも、ゲーム雑誌を見ると、戦争やアクション・シューティングばかりです。女性からしたら、もう入る余地はありません。ですから女性が楽しめるゲームが絶対にこの世にあるべきだと思ったたんです。

――でも、例えばお二人が経営されていたマイコンショップに女性客なんて来ていたんですか……？

恵子　来ませんよ！　男性ばっかりでした。

――その状況で、女性にゲームが広められると思ったのは、実は凄くないですか。

佐藤　確かに！　そうだよねえ。

――でも、海外でも今に至るまで乙女ゲームのような女性向けゲームが確立しているとは言えませんよね。一体、なにを根拠にして会長が可能だと思われたのかが気になるのですが。

恵子　だって、人類の半分は女性でしょう？

ゲームが男性だけのものであるはずがない、きっと女の子がドキドキできるゲームを作れば喜んでいただけるとずっと思っていました。女性がパソコンに興味を持つ時代が来ることも、私は信じていましたね。

――つまり、何か具体的なデータがあったわけではなくて、会長のなかにあった〝信念〟というか、「ゲームが男性だけのものであるはずがない」という強い確信が、世界でも例を見ない女性向けゲームを生み出した？

恵子　そう言われるとなんだか凄そうですけれども（笑）、仮説を実行しただけです。

女性の好みをふまえたガーリーなゲームを作れば、女性たちもゲームを絶対に楽しんでくれるはずだと思ったんです。

やはり、男性と女性の好みは違います。男性は能動的、女性は受動的というところがあって、女の子には「垂れ流しの文化」のほうが受け入れられやすいというのはあるんです。実際、女性には映画や小説が好きな人は多いけど、男性のように操作したり、自発的に行動を起こすような楽しみ方はどちらかと言えば苦手な人が多いと思います。子供でも、男の子はもう目覚まし時計なんかをバラバラに分解したり、物を投げたり、走り回ったりしていますが、女の子はおままごとやお人形さんごっこを楽しんでいることが多いでしょう。

ただ、当時は社員が男性しかいなかったので、それでは女心はわからない。ですから、私は女性を採用しました。でも、当時の女性社員はすぐに結婚して、退職してしまったので……結局、『アンジェリーク』を発売するまでに10年かかりましたね。

――10年がかりだったんですか……。

恵子　90年代になって、やっと女性たちのチームが作れたので、「ルビーパーティー」と名づけて開発を始めました。

私は、まず徹底的に女性に寄せたゲームを作ることにしたんです。守護聖様は、ギリシャ神話を題材にして、女性向けにとにかくピンクを多用して、主人公もガーリーな子にしたりしてできたのが『アンジェリーク』です。

――もしかして、奥様自身が立ち上げたゲームは、『アンジェリーク』が初めてですか？

恵子　はい。ただ、『アンジェリーク』の世界観は、途中から変わっていったんです。初めての女性たちのゲーム制作は未熟でした。競い合うシステムが作れず、最終的にはシブサワ・コウに入ってもらい、女王候補が二人で惑星を育成し、守護聖様に助けられながら競い合うというゲーム部分を作ってもらいました。

陽一　まあ、私には女性の方が喜ぶような甘ったるい言葉は作れませんが、ゲームであれば作れますからね（笑）。

要は、自分がファンタジー世界に生きていると思えればいいと思ったんです。だったら、それは男性向けに作ってきた、戦国時代の武将を描くシミュレーションゲームと同じです。その世界を構成する要素を作り上げて、そこに上手い連関性を作っていけば、男女にかかわりなくどんどんその世界に生きているような気分になれる。そこには自信がありました。ただ、なかなかこの連関性が上手く作れなかったので、ストーリー部分から手伝いに入ることになったんです。

――まさに、『信長の野望』や『三國志』で培ってきた、その世界に入り込んだ気持ちになれる「なりきり」を生み出すテクニックを持ち込んだんですね。『アンジェリーク』は、今では乙女ゲ

ームの走りとして伝説のゲームになっていますが、発売当初はどうでしたか?

恵子　最初の出足は市場がないので、当然ながら売れ行き不振です。ゲーム雑誌も読者は男性なのであまり取り上げられず、むしろ一般誌の方から話題になっていきました。

佐藤　なにせ最初ですから……相当に苦労されたでしょう。

恵子　しかも、私は一気にメディアミックスを仕掛けましたからね。漫画にしたり、ドラマCDを作ったりして。ただ、それは大変だったと言うよりは、夢中だったという方が正しいように思います。

――そういうメディアミックスも、『薄桜鬼』などの女性向けゲームの戦略の先取りですね。

恵子　しかも、声優さんのボーカルCDを発売したんです。すると、もう6人いるキャラクター声優さんのCDが、1万5000枚～2万枚という数字で売れていくんです。まだ当時は今ほど声優さんが歌うような時代じゃなかったから、音程が外れたり、リズムに乗れなかったりしていたんですよ。それでも、みんなキャラクターに思い入れがあるので、どんどん買ってくださいました。当時は新曲で2万枚売れたらレコード業界では社長賞でしたから、これは凄い数字でした。本当に良い時代でしたね（笑）。

東大やハーバードが注目した『信長の野望』

——そろそろ時間なのですが、本当に今日は、コーエーの絶え間ない挑戦の歴史を聞かせていただいたように思います。

恵子　まあ、元々はゲームの会社ではありませんでしたからね。そういう意味では、この「光栄」という名前も大変に良かったと思いますね。

起業したときに、国会議員の先生も通うような著名な易学の先生のところに襟川を連れて行ってくださった方がいました。すると先生が、「これからの時代はもう〝襟川産業〟みたいに、工業や産業という名前をつけてはいけない」と言われたそうです。「今後はどんな仕事で成功するかわからない時代になる。何のビジネスでも通用する社名にしなさい」と。そして「光栄」という字は、襟川に合っていて〝孤高に栄える〟と言われたそうです。

——なるほど。

恵子　でも、私はピンと来なくて（笑）。

襟川のほうも私が大学時代にネーミングについて学んだと言ったのを聞いて、社名を考えてほしいと言いました。でも、起業のときにはもう業務が忙しくて、しかも二人の子供を育てながら自分のデザインの仕事も抱えて、さらに当時住んでいた祖母の古い別荘は自分で修理しないとすきま風や破れた襖《ふすま》に悩まされますし……正直、家業の卸業のネーミングを考えるどころではなかったのです。

そうこうするうちに気がついたら登記の日がきて、そこで「もう、光栄でいいんじゃない？」と言ったのです。

いま思えば、ゲームソフトの会社になるなんて当時は思いつきもしませんでした。結果的には、その先生の判断は大変に素晴らしかったです。おかげさまで、海外でもコーエーという名前が使えていますから。

佐藤　なんだか、良い話ですね。

――それにしても、コーエーさんのゲームはジャンルが幅広いし、しかもそれを模倣ではなくて、常に自分たちの頭で考えてきたのが凄いと思います。

恵子　そういう意味では、一世を風靡した『トップマネジメント』※がありましたね。会社経営の勉強になるシミュレーションゲームなのですが、政治家の世耕弘成《せこうひろしげ》先生がお好きだったそうです。NTTに勤めていらしたときに、『トップマネジメント』のおかげで会社の研修で一番になったという話をおっしゃっていただきました。

襟川が『トップマネジメント』を制作したのも、絶対に会社を倒産させまいと勉強した成果だと思います。まあ、こんなこと言うと、義父には「倒産なんかしていない、会社整理だ」と叱られてしまいますけどね（笑）。

※『トップマネジメント』1984年に発売されたパソコン用経営シミュレーションゲーム。NECやIBMなどの当時のパソコンメーカーを模した会社を選んで、年末商戦などを戦っていく。

陽一　シミュレーションゲームは、疑似体験により戦略や戦術を競うタイプのゲームである以上、別に歴史に限らなくても、色々なジャンルで楽しめるはずだと思うんです。そこで、特に90年代以降は歴史だけじゃなくて、経営でも恋愛でも競馬でも、色々なジャンルにこのゲームを広げられるはずだと考えて展開していきました。

すると、大学の経営学部で「マネジメントゲーム」というものが使われているという話を耳にしたんです。自分が起こした経営行動でBS（貸借対照表）やPL（損益計算書）がどう動くかを、ゲームを通じて頭の中に叩《たた》き込むための学習ゲームがあるというんですね。しかも、そういう大学の先生方にお会いしてみると、驚いたことに私と同じことをしてい

陽一氏

たんですよ。

佐藤　学問のトレンドにピッタリ合っていたんですね。

陽一　私からすれば、先にも言ったように『信長の野望』がそもそも国を経営するマネジメントゲームなんですよ。ですから、『トップマネジメント』を作ったときも、パソコンの製造会社を自分が経営して、競合のＮＥＣや東芝やＩＢＭと戦うというイメージで作ったわけです。

恵子　当時の役所が実務的に役立つマネジメントゲームを共同制作するようにと、大手家電メーカー数社に30億円ほどの予算を割り当てたことがあるんです。そうしたら、ある家電メーカーの社員の方が「コーエーの『トップマネジメント』というゲームが面白くて、非常に優れている」と言ってくださったらしいんです。

それで官僚の方から連絡をいただいて、襟川が役所に説明に行くことになりました。その場では、官僚の方に「いくらでできるんですか？」と聞かれて、襟川が「3000万円ぐらいです」と答えたものだから、そのお役人さんはあ然としていたそうです。

一同（笑）

恵子 結局、そのプロジェクトのままでマネジメントゲームを作ったそうですが、きっと美人の秘書も出てこないでしょうし（笑）、つまらなかったでしょうね。

佐藤 もしかして、襟川さんがシミュレーション&ゲーミング学会※に名を連ねているのは、その流れですか？

※シミュレーション&ゲーミング学会　シミュレーションとゲーミング、それらに関連する分野の学際的な学協会（公式HPより）。1989年に設立された際に、襟川陽一氏が発起人に名を連ねた。

陽一 ええ。経営シミュレーションの研究者の方々と、東京大学の関先生という国際政治学の先生のつてで連なりました。関先生は国際政治のシミュレーションの専門家で、自分の研究分野と当社のゲームが非常に近いというものだから、一度東大で話してくれと言われたんです。

恵子　最初はこの人が嫌がって、断ると言っていたんです。でも、私が「お役に立てるし」と強引に進めました。

陽一　東京大学の大学院生たちを前に、どういうアルゴリズムでゲームを組み立てて、例えば『維新の嵐』というゲームの場合、どういうふうに維新の志士たちのパラメーターなどを決めているのかなどを話したんですよ。それをキッカケに関先生と仲良くなり、それから、欧米ではずっと以前から活動している国際シミュレーション&ゲーミング学会の日本支部を作りたいというお話があり、応援させていただきました。

恵子　しかも当時、日本学術会議の会長で、文化勲章も受章された東京大学名誉教授の近《こん》藤次郎《どうじろう》先生が『信長の野望』の大ファンで、お孫さんに唯一勝てるゲームとして、プレイしていらしたんです。

近藤先生はいかに『信長の野望』がマネジメントゲームとして優れているかを米国のニューハンプシャーでの学会で発表されました。すると、カナダの大学やハーバード大学の大学院でも『信長の野望』を学生にプレイさせるようになってしまい、ついにはテレビでも取り上げられました。

「新しいことに挑戦してこそゲーム」

――なるほど。そろそろ本当に終わりの時間なのですが、最後に一つだけお伺いしてもいいでしょうか。シブサワ・コウという名前を長い間、襟川さんが自分だと名乗らずにいた理由は何だったのですか？

陽一　２０００年までは、一切表に出てこない開発のプロデューサーだという位置づけにしていました。私が自分の名前を名乗っていたら、私が死んだら終わりだけれども、シブサワ・コウと名乗っておけば別の人が継いでいけると考えていたんです。

ただ、２０００年に開発の世界にもう一度どっぷり浸りたいと思ったときに、もう自分の名前も顔も出してしまって、責任を持って「これは私が作っています」と言った方が時代に合っている気がしたんです。

――ちなみに、名前の由来は？

陽一　コウは光栄のコウです（笑）。シブサワの方は、渋沢栄一《しぶさわえいいち》※という幕末から明治時代にかけて活躍した経済人の方にちなんでつけました。その人の生き方が私は大変に好きだったので、その名前をいただいたんです。

※渋沢栄一　1840年に生まれて、江戸時代から大正時代までを生きた。サッポロビール、王子製紙、日本郵船、さらには東京証券取引所や理化学研究所などの様々な企業の設立に関わり、日本資本主義の父といわれる。

――そこも、ちょっと「なりきり」要素でしょうか（笑）。

陽一　ははは、そうかもしれないですね。彼の考え方は、「ビジネスというものはただ利益を上げることじゃない。世のため人のためになることにある」ということで、彼の人生はまさにその実践でした。私は、その生き方にとても惚《ほ》れてしまっていたんですね。ですから、当社の企業理念は、「創造と貢献」という言葉にしています。

――絶え間ない「創造」というのが、コーエーの特徴だと思いました。『信長の野望』シリーズも、毎回どんどんシステムを変えていますしね。

陽一　ええ。新しい面白さでお客様に楽しんでいただくのが、このコーエーテクモの方針ですから、常に新しい切り口を入れていくんです。『信長の野望』で毎回大幅にシステムを変えたり、武将を増やしたりし続ける理由は、まさにこの企業理念にあります。

ただ、そう思うのは、やはり最初の『川中島の合戦』の人気の理由がそもそも見たこともないゲームだったというサプライズにあったと、今でも思っているからかもしれないですね。『信長の野望』だって、単なる戦いではなくて、トータルに戦国時代をシミュレーションできるところに他のゲームとの違いがあり、楽しさがあると思っています。私の中には、新しいことに挑戦してこそゲームだし、常にお客様に新しいサプライズを作っていかなければいけないという思いが強くあるんです。

恵子 ええ、常に新しいことにチャレンジして、進化できればと思います。

編集部より

珍しいコーエー創業者・襟川夫妻同席のインタビューだったが、皆さんはどんな感想をお持ちになっただろうか。

パソコンが普及して、世界中の若者がゲームを作り始めた１９８０年代。その中でもコーエーの作ったゲームたちは、実は群を抜いて独創的なものの一つであった。それがなぜ生まれたのかを明らかにするのが、編集部の裏テーマだった。

取材の中で見えたのは、襟川氏の優れたプログラミング能力もさることながら、様々なシミュレーションゲームを常に自分の頭で考えて、ゲームに落とし込んできた果敢な姿勢であった。全くの別分野で発展してきたマネジメントゲームとも相通じるゲームデザインに彼がたどり着いた理由は、その姿勢にこそあったのではないだろうか。

特に襟川氏が面白いのは、「歴史上の偉人になりきりたい」などの〝ミーハーな〟夢を大事にして、それを実現するものとして、シミュレーションゲームを捉《とら》えたことである。

実際、この取材で襟川氏がもっとも顔をほころばせたのは、実は「コーエーのゲームの面白さは、なりきりの部分にあるのではないか」と質問をぶつけたときのことだった。齢《よわい》65歳（取材当時）となる現在でも『ペルソナ』を楽しむ氏の、〝永遠の少年〟の一面が見えた瞬間だった。

そして、もう一つこのインタビューで印象的なのが、シブサワ・コウの妻にしてコーエーテクモホールディングス会長の襟川恵子氏の、おそらく多くの人には意外だったであろうほどの奮闘ぶりである。彼女もまた夫同様に自らの強い信念にもとづいてコーエーのゲームを販促してきたわけだが、その痛快とも言える逸話の数々は、まるで歴史小説の登場人物のよう。歴史上の人物で言えば、豊臣秀吉《とよとみひでよし》の妻である「ねね」、あるいは小説『功名が辻』に登場する山内一豊《やまうちかずとよ》の妻「千代《ちよ》」など、夫を支えながら戦国時代を駆け抜けた女性たちがいたように、彼女もまた、ゲーム産業の歴史を彩る主役の一人であったと言えそうだ。

ともあれ、あまり語られることのなかった襟川夫妻のエピソードが盛りだくさんだったインタビュー。コーエーの知られざる側面が垣間見《かいまみ》える取材になったのではないかと思う。

おわりに

「ゲームの企画書」は、私が長年温めていた連載企画でした。

しかし、「初回がレジェンダリーな内容であること」を絶対条件に考えていたため、それゆえになかなかスタートできず、何年も寝かせていたものでもありました。

たとえば、ですが、『ゼビウス』の話を遠藤さんに聞くだけだとそれは〝普通の企画〟(いや、遠藤さんのお話を聞けるだけで十分凄《すご》いのですが)だし、『ポケモン』の話を田尻さんに聞くのも、やっぱり「これまでにある」ものです。そういう〝普通の企画〟を連載のスタートにはしたくありませんでした。

それで、何か新しい切り口はないものかと悩んでいる中で、のちに副編集長となる斉藤大地氏(現・株式会社バカー代表取締役社長)が思い付いた企画が「田尻さんが聞き手となって遠藤さんに『ゼビウス』の話を聞く」というものでした。

『ゼビウス』の話なら、田尻さんも興味を持つのではないか。また遠藤さんも、田尻さんが聞き手に出てくるならば、普段とは違ったエピソードを話してくれるのではないか。

内々に打診してみると、両名とも好感触！　なんとか取材までこぎ着けることができ、結果としても、これまでにない話が満載のインタビュー記事にすることができたと思っています。

この「ゲームの企画書」に限らず、最近よく「なんで、そんな大物のインタビューが組めるんですか？」という質問を受けることがあります。もちろん、ある程度は、面白い記事にしてくれるはずだという、私のこれまでの実績に依《よ》るところも多少はあるのでしょうけれど、それだけでインタビューを受けてくれるわけではありません。

じゃあ、なにが必要なのか？　大事なのは、それが「インタビューイーが話したいと思う企画（テーマ）」かどうか、だったりします。当たり前ですが、取材は、受ける側にメリットがないと成立しません。

「届けたい情報がゲームファンに届くから」、「プロモーション効果があるから」というメディア的な効果を期待して取材を受けてくれる場合もありますが、大物になればなるほど、その部分も逆転（タイトルやクリエイターさんの方が知名度が高い場合も多いから）してしまいます。

であるならば、せめて「取材自体の面白さ」で勝負するしかない。企画の面で、インタビューイーさん側が「それはぜひ話してみたい」と思える座組を考えることが重要になるわけです。

ですから、取材をしたい人がいた場合、その人が喜びそうなことや、会ってみたい人を探るところから企画を考えることが多い。また、そもそもインタビュー自体も、そういう前のめりになれる企画であった方が、面白いものになるのは間違いありません。

実際、前述の取材でいえば、『ゼビウス』に対する田尻さんの想いが想像以上に熱かった……！　その田尻さんの熱量みたいなものが、当時の『ゼビウス』を取り巻く活気を表現していたのは言うまでもないし、さらに言えば、そうした田尻さんの（ゲームに対する）想いが、後のゲームフリークの起業や『ポケモン』に繋《つな》がっていく。そんな大きなドラマ／文脈が記事から見えてくるお話になったのは、話し手側が身を乗り出してくれたからこそでしょう。

『ゼビウス』の話に限りませんが、一連の取材を通して常々思うのは、何かが生まれる瞬間、あるいはその場所というのは、独特の〝熱〟があるということです。それには、もちろんビジネス的な要素（お金が儲《もう》かる）も欠かせないわけですが、それだけではありません。その〝熱〟とは、いろいろな文脈、思い出、野望、あるいは劣等感など、さまざまなものが混ざり合って醸成される〝何か〟だと思うのです。

私としては、ゲーム業界が、ひいては日本のコンテンツ業界が、これから先、さらに発展していくためには、その〝熱〟を再び作らなければならないし、そのためにも、〝熱〟が今どこにあるのかを探りたい。「ゲームの企画書」は、その熱がどういったものだったのか、それを確認するための旅でもありました。だから、決して後ろを向いた「過去語り」や「懐かしコンテンツ」ではない、という認識なのです。

本書の冒頭でも書きましたが、この「ゲームの企画書」の目的は、ゲーム史に名を残した名作ゲームのクリエイターの方々に制作時のエピソードを聞いていき、そこから垣間見《かいまみ》える「モノ作りの本質」に迫ることです。

ゲームクリエイターたちの奮闘の歴史が、時代を超えた普遍性のあるエピソードとして、受け継がれていくべき知恵の結晶として、より広く多くの読者に読まれて、結果として、日本のコンテンツ業界に少しでも寄与すればと思う次第です。

その意味でも、この「ゲームの企画書」が、Ｗｅｂサイト上の記事としてだけではなく、こうして紙の本として出版され、さらに多くの人の目に触れる可能性が広がることは、とても光栄な話だし、大変嬉《うれ》しく思う次第です。取材に協力してくれたクリエイターの皆さま、また協力してくれた各ゲームメーカーの関係各所の方々には、改めて御礼申し上げます。

最後に、連載を始めるにあたって、編集業務やさまざまな下調べをしてくれた電ファミニコゲーマー編集部の面々には、深く感謝の意を述べたい。とりわけ、連載開始から、事前調査にもとづいて質問案を準備し、さらに記事の執筆・構成まで担ってくれた稲葉ほたて氏には、とても感謝しています。ありがとう。

電ファミニコゲーマー編集長　平信一

電ファミニコゲーマー編集部（でんふぁみにこげーまーへんしゅうぶ）
ファミ通、電撃、ニコニコ動画の協力で立ち上がったゲームメディアの編集部。ゲームタイトルからゲームクリエイター、さらにゲーム実況、人工知能からVRまで、あらゆるゲームに関する話題を厳選・深掘りする。既存の枠組みに囚われず、コンテンツ業界全体に響くような記事を作ることで、ゲーム業界全体の利益になるような「最先端のハイクオリティメディア」を目指している。

http://news.denfaminicogamer.jp

※本書は「電ファミニコゲーマー」2016年2月8日・22日、3月7日・22日に掲載された「ゲームの企画書」を加筆修正したものです。

ゲームの企画書《きかくしょ》①

どんな子供《こども》でも遊《あそ》べなければならない

電《でん》ファミニコゲーマー編集部《へんしゅうぶ》

2019年 3月10日　初版発行
2025年 5月15日　6版発行

◆◇◇

発行者　山下直久
発　行　株式会社KADOKAWA
〒102-8177　東京都千代田区富士見2-13-3
電話　0570-002-301（ナビダイヤル）

装 丁 者　緒方修一（ラーフイン・ワークショップ）
ロゴデザイン　good design company
オビデザイン　Zapp!　白金正之
印 刷 所　株式会社KADOKAWA
製 本 所　株式会社KADOKAWA

角川新書

ISBN978-4-04-082276-1 C0295